배경지식을 알면 공부가 쉬워지는

# 초등 과학
# 문★해력 1

배경지식을 알면 공부가 쉬워지는
# 초등 과학 문해력 1

**초판 1쇄 발행** 2025년 1월 20일

**지은이** 김현경
**그린이** 박선하
**펴낸이** 이지은  **펴낸곳** 팜파스
**기획편집** 박선희
**디자인** 조성미
**마케팅** 김서희, 김민경
**인쇄** 케이피알커뮤니케이션

**출판등록** 2002년 12월 30일 제 10-2536호
**주소** 서울특별시 마포구 어울마당로5길 18 팜파스빌딩 2층
**대표전화** 02-335-3681  **팩스** 02-335-3743
**홈페이지** www.pampasbook.com | blog.naver.com/pampasbook
**이메일** pampasbook@naver.com

값 15,000원
ISBN 979-11-7026-693-8 (73400)

배경지식을 알면 공부가 쉬워지는

# 초등 과학 문해력 1

김현경 글 | 박선하 그림

팜파스

"선생님, 과학 수업은 재밌었는데 시험을 보니까 다 틀려요."

많은 친구들이 초등 3학년 과학의 첫 단원 평가를 보고 당황합니다. 과학 수업에 즐겁게 실험하고 열심히 참여했다고 생각했는데 시험 점수가 기대보다 안 나오거든요. 과학은 정말 재밌는 과목이지만 결과 정리를 게을리하면 잘못된 지식을 갖는 경우도 많답니다. 실험과 결과를 연결하지 못하거나, 대략적인 내용만 기억하고 정확한 개념은 놓쳐 잘못된 개념을 만들 수 있거든요. 이를 막기 위해서는 학습 주제별로 핵심 개념을 사용해 자신의 언어로 다시 말해 보는 연습이 필요합니다.

이 책은 3, 4학년 친구들이 과학 시간에 배우는 여러 지식들을 연결합니다. 당연하다고 생각해 무심코 지나친 사실들 속에서 공통되는 원리를 찾아보세요. 거창한 실험을 하지 않아도 세상이 움직이는 방식에 대해 탐구할 수 있답니다. 유명한 과학자들도 질문에서 출발해 시행착오를 거치며 옳은 답을 찾아가곤 했어요. 과학적 지식은 절대 변하지 않는 진리가 아니라 더 알맞은 이론이 나오면 얼마든지 바뀔 수 있으니 낱낱의 사실을 외우는 것보다 그 탐구 과정을 따라가는 것이 훨씬 중요해요.

　이 책을 읽을 때는 한 문장 한 문장 꼭꼭 씹어 읽기를 권해요. 작은따옴표 속 어휘도 다시 보고, 한자로 무슨 뜻인지도 살펴보면서 과학 개념들을 곱씹어 보세요. 지식의 바탕이 되는 이야기를 읽어 가면서 "그래서 이런 실험을 했구나?", "그래서 이런 현상이 보였구나."하며 "아하!"를 외치는 순간이 오기를 바랍니다.

　꼼꼼하게 읽은 다음에는 두두와 민재를 만나며 만화 속 중요 개념을 한 번 더 살펴보세요. 헷갈리는 핵심 개념들은 '어휘 확장'에서 한 번 더 읽어 봅니다. 한 페이지씩 넘어갈 때마다 뭉뚱그려 있던 생각들을 뾰족하게 갈고 닦는 겁니다. 학습 친구 민재에게 이야기 속 개념을 내가 이해한 대로 설명해 보세요. 교과서처럼 멋지게 말하지 못해도 괜찮습니다. 동생한테 설명하듯 내가 아는 것을 아낌없이 표현하는 겁니다. '진짜 읽기'에서는 내가 올바르게 이해했는지 점검하고 한 줄로 글을 써 봅니다. 이렇게 이 책을 한번에 빨리 읽는 것보다 천천히 소화시키면서 읽어 보면 좋겠습니다.

　외계인 친구 두두, 민재와 함께 과학 문해력을 쌓으며 진짜 재미있는 과학의 맛을 느껴 봅시다!

김현경

# 차 례

# Part 03  생명은 연결되어 있어요

# Part 04  지구와 우주를 탐사해요

두두

#^&8$별에서 지구로 불시착한 외계인.

보름달이 뜬 밤, 우연히 두두를 구해 준 민재네 집에서 체류 중. 행성 탐사 임무를 수행할 겸 돌아갈 우주선을 고칠 동안 지구를 알아보기로 한다. 그런데 알아보면 알아볼수록 두두가 살던 별과 비슷하면서도 또 다른 매력을 가진 지구의 모습에 반하게 된다! 지구의 매력 덕분에 두두의 탐사 능력이 빛을 발하는 중!

특징 먹을 것을 아주 좋아한다. 토끼처럼 두 귀가 길어 보이지만 실은 귀가 아니라 마음의 소리를 보내는 안테나다. 두두네 별에서는 말하지 않아도 이 안테나로 하고 싶은 말을 전할 수 있다. 하지만 안테나가 없는 지구인과는? 손을 잡아야 마음의 소리가 전달된다. 입이 없고 배 주머니가 있어 음식을 먹을 때 배가 꿀럭꿀럭 움직인다.

김민재

햇살 초등학교 3학년.

추석날 송편을 두둑이 먹고 달구경을 나왔다가 불시착한 두두를 발견했다. 지구를 탐사하고 싶다는 두두와 함께 세상이 움직이는 방식을 탐구하는 중! 자연과 생활 속에 담겨 있는 과학을 관찰하고 탐구하다 보니 어느새 배경지식이 탄탄히 쌓인 척척박사 초등생으로 거듭나고 있다!

민재 아빠

어쩌다 보니 두두와 민재에게 과학 공부를 알려 주게 되는데…

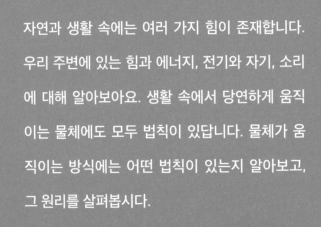

자연과 생활 속에는 여러 가지 힘이 존재합니다. 우리 주변에 있는 힘과 에너지, 전기와 자기, 소리에 대해 알아보아요. 생활 속에서 당연하게 움직이는 물체에도 모두 법칙이 있답니다. 물체가 움직이는 방식에는 어떤 법칙이 있는지 알아보고, 그 원리를 살펴봅시다.

Part 01

# 여러 가지
# 힘을
# 찾아봐요

# 힘은 무엇일까요?

자, 힘을 한번 써 볼까요? 자리 정리를 위해 책상을 뒤로 밉니다. 책상이 뒤로 갑니다. 정리를 마치고 제자리에 옮기기 위해 책상을 당깁니다. 책상이 당긴 방향대로 다시 움직입니다. 책상을 움직이기 위해 밀거나 당기는 '힘'을 사용한 것입니다.

우리는 힘을 주어 버튼을 누르기도 하고, 축축한 수건을 비틀어 짤 수도 있습니다. 굴러가는 장난감 자동차를 멈춰 세울 수도 있고, 줄다리기 경기에서 힘을 합쳐 줄을 당기기도 합니다. 우리는 매 순간 힘을 쓰고 있습니다. 그 힘은 물체의 운동이나 모양을 변화시킵니다.

언제 힘을 더 많이 쓸까요? 새 교과서를 받는 날 무거워진 가방을 떠올려 보세요. "아휴, 힘들어." 볼멘소리가 절로 나오지요. 무거운 물체를 들 때는 평소보다 더 많은 힘을 씁니다. 국어사전에서는 물건의 무거운 정도를 '무게'라고 이야기해요. 무게란 지구가 물체를 끌어당기는 힘의 크기입니다. 지구가 물체를 끌어당긴다니 그게 무슨 말일까요?

과학자 뉴턴은 나무에서 떨어지는 사과를 보고 '지구가 사과를 끌어당기고 있다'고 생각했습니다. 사과가 땅으로 떨어지는 현상을 보고, 모든 물체가 서로 끌어당기는 힘인 '만유인력'을 가지고 있다고 해석한 것이지요. 뉴턴에 의하면 사과도 지구를 끌어당기고, 지구도 사과를 끌어당깁니다. 단지 지구가 당기는 힘이 더 크기 때문에 사과가 땅에 떨어지는 것입니다.

지구와 달은 만유인력으로 서로 끌어당기기 때문에 달이 지구 주위를 빙빙 돕니다. 하지만 달은 사과처럼 지구에 떨어지지는 않습니다. 달이 지구 주위를 빠르게 돌면서 지구가 당기는 힘과 달이 앞으로 나아가는 힘 간에 균형이 생기거든요. 우리가 신발주머니를 손에 들고 팔을 빠르게 돌리면 주머니 속 신발이 공중에서 떨어지지 않는 것과 같습니다. 하지만 빙빙 돌리던 팔을 높은 곳에서 멈추면? 지구가 신발을 끌어당기기 때문에 주머니 속 신발이 모두 떨어집니다. 마찬가지로 달이 갑자기 멈춘다면 지구에 떨어지고 말겠지요.

책상과 책도 서로 끌어당기고, 연필과 지우개도 서로 끌어당깁니다. 다만 힘의 균형이 맞아 움직이지 않을 뿐입니다. 지구는 지구 위의 모든 물체를 끌어당깁니다. 연필을 공중에서 놓았을 때 땅으로 떨어지는 건 연필이 지구를 당기는 힘보다 지구가 연필을 당기는 힘이 더 크기 때문입니다. 연필이 당기는 힘이 더 크면 지구가 연필 방향으로 움직일 테니까요. 이렇듯 지구가 연필, 책상, 지우개, 사람 등을 끌어당기는 힘을 지구의 '중력'이라고 합니다.

무게는 중력과 관련이 있습니다. 어떤 물체가 무겁다는 것은 지구가 그 물체를 더 강하게 끌어당긴다는 말입니다. 양팔저울의 한쪽에 가방을 매달고, 다른 한쪽에 신주머니를 매달면 더 무거운 쪽으로 기울어집니다. 기울어진 양팔저울을 정면에서 바라보면, 마치 지구가 가방을 더 강하게 잡아당긴 것 같은 모양새입니다. 지구가 더 큰 힘으로 당기는 물체를 무게가 무겁다고 말합니다.

달에서는 지구에서보다 훨씬 작은 힘으로 물체를 들 수 있습니다. 지구에서 무게가 60kg인 사람이 달에 가면 대략 10kg이 됩니다. 달의 중력이 지구보다 훨씬 작기 때문입니다. 이처럼 무게는 중력에 따라 변합니다. 반면 중력과 관계없이 물체가 가진 고유한 양을 '질량'이라고 합니다. 한 물체의 질량은 달에서나 지구에서나 같답니다.

솜 1kg과 철 1kg 중 어느 쪽이 더 무거울까요? 많은 친구들은 무심코 철이라고 대답합니다. 물체의 특성상 솜은 가볍고 철은 무겁다고 생각하거든요. 하지만 솜과 철이 모두 1kg이므로 둘의 무게는 같습니다. 물론 솜 1kg과 철 1kg의 크기는 다르겠지요. 덩어리의 크기인 '부피'가 크다고 해서 무게가 더 많이 나가는 것은 아니랍니다.

질량을 가진 모든 물체는 서로 끌어당기는 힘이 있어.
이것을 만유인력이라고 해.
중력은 지구 표면 위에 있는 물체를 지구가
지구 중심쪽으로 끌어당기는 힘이지.

우리는 왜 지구 표면에
딱 붙어 있지?

그야 지구가 중력으로
우리를 잡아당기니까.

사람

바다

근데 질량이 더 큰 물체일수록 중력이 커.
이 중력의 크기를 '무게'라고 해.

어? 왜 떨어지지?
나도 끌어당기고
있는데?

내가 사과 너보다
훨씬 질량이 크니까
더 강한 힘으로
끌어당기지!

신주머니가 가방보다 덜 무거운 건
질량이 작아서 지구가 더 작은
힘으로 끌어당기고
있다는 뜻이야.

우리별은
과학이 발달했다니까?
과학은 나만 믿어!

두두야, 너
사회 공부할 때랑 달라.
왜 이렇게 잘 알아?

## 이 어휘를 통해 문해력이 더 깊어질 수 있어요!

- **힘** : 물체의 움직임이나 모양을 변화시킬 수 있는 것.
- **무게** : 물체가 무거운 정도. 지구가 물체를 끌어당기기 위해 쓰는 힘의 크기.
- **질량** : 물체가 가진 고유한 양. 다른 행성에 가도 변하지 않음.
- **중력** : 지구가 지구 표면에 있는 물체를 지구의 중심으로 끌어당기는 힘.
- **부피** : 물체가 차지하는 공간의 크기. ⓔ 솜 1kg이 철 1kg보다 부피가 커요.
- **g(그램)** : '작은 무게'라는 뜻의 그리스어 gramma에서 따온 말. 가벼운 물체의 무게 단위.
- **kg(킬로그램)** : 1,000g은 1kg과 같음. 보통 몸무게를 잴 때 쓰는 단위.
- **가늠하다** : 어림잡아 헤아리다.
- **운동** : 과학에서 말하는 '운동'은 물체가 위치를 바꾸는 일을 의미함.

**근데 잠깐만!**
**'힘'**이 무엇인지 물어보면
뭐라고 해야 돼?

민재에게 이 낱말을 설명해 주세요.

민재야, **'힘'**은

글을 잘 읽고 이해했는지 확인해 봅시다.
문제를 풀며 글을 한 번 더 찬찬히 읽어 보세요!

1. 다음 중 다른 의미로 쓰인 '힘'은 무엇일까요?

   ① 힘이 센 천하장사

   ② 당신이 위로해 주니까 큰 힘이 됩니다.

   ③ 무거운 짐을 들 수 있는 힘이 필요해요.

   ④ 힘으로 병뚜껑을 열어 주길 부탁드립니다.


2. 무게에 대한 설명을 읽고 옳은 것을 고르세요.

   ① 솜 10kg보다 철 1kg이 무겁습니다.

   ② 무게는 물체의 고유한 특성이라 변하지 않습니다.

   ③ 부피가 큰 물체는 무겁습니다.

   ④ 같은 물체도 지구에서보다 달에서 무게가 적게 나갑니다.

한 줄 글쓰기!

우리 주변에서 '힘'을 쓰는 일을 찾아 '힘'이라는 단어를 넣어 한 문장으로 써 보세요. (예시: 태권도를 배운 동생이 송판을 힘으로 격파했다.)

_____

# 작은 힘으로 물체를 들어 올리려면 어떻게 할까요?

놀이터에서 시소를 재밌게 타려면 양쪽의 균형이 잘 맞아야 해요. 한쪽으로 너무 기울면 반대쪽으로 움직이지 않으니까요. 몸무게가 차이 나는 형과 동생이 시소를 탈 때 주변의 어른들이 무거운 형님에게 앞쪽으로 앉으라고 일러 주기도 합니다. 무거운 형이 시소 중심에 가까이 앉고, 가벼운 동생이 시소 중심에서 먼 쪽에 앉는 거예요. 앉는 위치를 달리했을 뿐인데 신기하게도 수평이 맞게 조정됩니다. 두 형제의 몸무게가 변한 건 아닐 텐데 어떻게 수평을 맞추는 걸까요?

과학에서 수평 잡기는 힘의 균형을 보여 줍니다. 나무판자를 시소처럼 받침대 위에 올려 두고 한쪽에 나무토막 1개를 올립니다. 나무토막이 올라간 쪽으로 판자가 기울어집니다. 이번에는 반대쪽에 똑같은 크기의 나무토막 2개를 올려놓습니다. 그리고 나무토막의 위치를 앞뒤로 조절하여 양쪽을 수평으로 만들어 봅시다.

한쪽은 나무토막이 1개이고 다른 쪽은 2개인데 어떻게 수평이 될 수 있냐고요? 무게는 다르지만 나무토막과 받침대까지의 거리를 조절해서 양쪽의 힘을 같게 만드는 것입니다. 놀이터에서 시소로 균형을 맞춘 기억을 되살려서 더 무거운 2개짜리 나무토막을 받침대 쪽으로 조금씩 이동시켜 봅시다. 그렇게 하다 보면 양쪽의 수평이 맞는 지점을 찾아낼 수 있습니다.

고대의 과학자 아르키메데스는 수평 잡기에서 '받침대로부터의 거리와 무게의 곱이 서로 같을 때 양쪽의 균형이 맞다'는 지레의 원리를 발견했습니다. 받침대, 정확하게는 받침점으로부터 같은 거리에, 같은 무게의 물체를 양쪽에 올려놓아야 균형이 맞습니다. 하지만 양쪽 물체의 무게가 다르다면 받침점까지의 거리를 조정해 양쪽의 균형을 맞출 수 있다는 이야기입니다.

　너무 어려운 과학 이야기처럼 들리지만 아주 옛날부터 무거운 짐을 들 때 이 지레의 원리를 활용했답니다. 혹시 그림책이나 만화책에서 어깨에 긴 막대를 메고 막대 끝에 무거운 봇짐을 매단 주인공을 본 적이 있나요? 멋으로 막대를 멘 것이 아니라 작은 힘으로 무거운 물체를 들기 위한 지혜랍니다. 어깨를 긴 막대의 받침점이라 생각하고 지레의 원리를 떠올려 봅시다. 긴 막대를 어깨에 걸친 후 앞쪽 끝을 잡고 뒤쪽 막대에 무거운 짐을 매다는 겁니다. 긴 막대가 앞쪽으로 치우쳐 기울어질수록 무거운 짐을 가볍게 들 수 있게 됩니다. 손과 어깨까지의 거리보다 어깨부터 짐까지의 거리가 짧아 적은 힘으로 무거운 짐을 들 수 있는 겁니다.

　아르키메데스는 지레의 원리를 말하며 "우주에서 나에게 발을 디딜 공간과 지구를 들 만큼의 길고 튼튼한 지레를 주면 지구도 들어 올려 보겠다."고 했다고 합니다. 그의 허풍이 사실이든 아니든 지레의 원리를 이용하면 어떤 무거운 물체도 들어 올릴 수 있다는 뜻으로 해석할 수 있습니다.

　주변에서 무심코 사용하는 도구들이 어떻게 움직이는지 관찰해 봅시다. 음료수의 뚜껑을 쉽게 따도록 도와주는 병따개, 땅을 팔 때 사용하는 삽, 전쟁에서 멀리 있는 적을 공격할 때 쓰인 투석기, 무거운 건축 자재를 쉽게 옮기도록 도와줬던 거중기 등은 모두 작은 힘을 써서 큰 힘을 내는 '지레의 원리'가 담긴 도구들이랍니다. 지레의 원리는 여전히 우리의 삶을 편리하게 돕고 있습니다.

아, 꼼짝도 안 하네.

민재야.
좀 더 앞쪽으로
와서 앉아 보렴.

아빠, 왜 앞으로 가면
균형이 맞아요?

하하,
지레의 원리를 이용했기 때문이야.

양측 받침점까지의 거리와 무게를 곱한 값이 같으면 힘
이 같아 균형을 이루는 거지. 물체를 받침점에서 가까이
두고, 반대쪽은 받침점 멀리에서 힘을 주면 작은 힘으로
도 무거운 걸 들 수 있어. 반대로 받침점에 가까우면 가
벼워도 더 많은 힘을 들여야 하지.

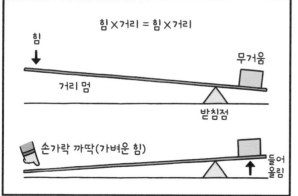

힘×거리 = 힘×거리

힘

무거움

거리 멈

받침점

손가락 까딱(가벼운 힘)

들어
올림

병따개, 삽,
투석기 모두 지렛대의
원리를 이용해 만든 거야.
작은 힘으로 무거운 것을 들거나
큰 힘을 내는 도구들이지.

- **균형** : 한쪽으로 기울거나 치우치지 않은 상태.
- **일러 주다(이르다)** : 무엇이라고 말해 주다. 알려 주다.
- **수평** : 기울지 않고 평평한 상태.
- **지레** : 지렛대의 줄임말. 무거운 물건을 움직이는 데에 쓰는 막대기.
- **봇짐** : 물건을 보자기에 싸서 꾸린 짐. 보통 어깨에 메는 짐을 말함.
- **허풍** : 실제보다 지나치게 과장한 말이나 행동.
- **원리** : 가장 밑바탕이 되는 법칙이나 원칙.

근데 잠깐만!
'**수평**'이 무엇인지 물어보면
뭐라고 해야 돼?

민재에게 이 낱말을 설명해 주세요.

민재야, '**수평**'은

진짜 읽기

글을 잘 읽고 이해했는지 확인해 봅시다.
문제를 풀며 글을 한 번 더 찬찬히 읽어 보세요!

1. 두두와 민재가 탄 시소입니다. 균형을 맞추려면 어떻게 해야 할지 <u>모두</u> 고르세요.

① 민재가 시소 위에서 일어섭니다.

② 두두가 시소 위에서 일어섭니다.

③ 민재가 받침대 쪽으로 옮겨 앉습니다.

④ 두두가 받침대에서 먼 쪽으로 옮겨 앉습니다.

2. 지레의 원리에 대한 설명으로 틀린 것은 무엇인가요?

① 아르키메데스가 발견한 수평 잡기의 원리입니다.

② 땅을 팔 때 삽을 이용하는 것도 지레의 원리가 적용됩니다.

③ 아르키메데스는 지레의 원리를 이용해 지구를 들어 올렸습니다.

④ 받침대로부터의 거리와 물체 무게의 곱이 양쪽이 같을 때 균형이 맞습니다.

한 줄
글쓰기
!

작은 힘으로 물체를 들어 올리려면 어떻게 해야 할까요? 필요한 도구가 있다
면 적고 그 도구가 어떻게 움직이는지 설명해 보세요.

# 자석은 어떤 특징이 있나요?

자석 카드를 칠판에 붙여 본 적이 있나요? 내가 원하는 위치에 자유롭게 붙였다 떼었다 할 수 있어요. 하지만 자석 카드가 아무 데나 붙는 것은 아닙니다. 자석을 하나 들고 집안 곳곳에 붙여 보면 냉장고, 칠판 등 금속이거나, 속에 금속이 있는 물체에 자석이 잘 붙는 편입니다. 가위에 대면 가위의 날에는 자석이 붙고, 플라스틱 손잡이에는 붙지 않습니다. 하지만 같은 금속인데도 알루미늄 캔, 금귀고리에는 붙지 않아요. 금속 중에서도 철이나 코발트, 니켈로 된 물체가 자석과 잘 붙습니다.

자석 카드는 풀로 붙이는 것과는 다릅니다. 가까이 대기만 해도 착 달라붙지요. 자석과 직접 닿지 않아도 자석의 힘이 닿는다는 의미입니다. 자석의 힘이 닿는 공간을 '자기장'이라고 부릅니다. 이 자기장 덕분에 자석 낚시를 할 수 있습니다.

자석 낚시는 강력한 자석이 달린 자석 낚시 도구를 강물에 던져 가라앉아 있는 물건들을 건져 올리는 겁니다. 이렇게 해서 호수 바닥에 가라앉은 낚싯바늘을 모두 건져 올려 수영할 수 있는 호수로 만드는가 하면, 버려진 건전지나 못을 주워 올리기도 합니다. 자석과 철로 된 물체가 서로 끌어당기는 성질을 이용해 강바닥을 청소하는 것입니다. 어떤 물건이 자석 낚시에 걸릴까 상상하는 것만으로도 흥미롭지요.

짧은 막대 모양의 막대자석에 클립을 붙이면 재밌는 일이 벌어집니다. 자석 전체에 클립이 붙는 것이 아니라, 양 끝에 유난히 많은 클립이 붙습니다. 자석의 양 끝은 다른 부분보다 끌어당기는 힘이 세기 때문입니다. 이 부분을 '자석의 극'이라고 합니다. 막대자석뿐만 아니라 동전 모양 자석, 말굽 모양 자석에도 클립을 붙여 자석의 극을 찾아볼 수 있습니다.

두 개의 자석이 서로 만나면 무슨 일이 벌어질까요? 막대자석 두 개를 놓고 한 자석의 N극에 다른 자석 S극을 가까이 대면 착 달라붙습니다. 이렇게 자석의 다른 극이 서로 당기는 힘을 '끌 인(引), 힘 력(力)'을 써서 '인력'이라고 합니다. 이번에는 한 자석의 N극에 다른 자석 N극을 가까이 대거나 S극에 S극을 가까이 가져가 봅시다. 붙이려고 애를 써도 붙지 않고 서로 밀어냅니다. 자석의 같은 극끼리 만났을 때 서로 밀어내는 힘을 '물리칠 척(斥), 힘 력(力)'을 써서 '척력'이라고 합니다. 인력과 척력처럼 자석끼리 작용하는 힘을 '자기력'이라고 합니다.

N극과 S극이 있는 막대자석을 반으로 자르면 어떻게 될까요? 온전히 N극만 있는 자석, 온전히 S극만 있는 자석이 나올 것 같지만 그렇지 않습니다. 자석을 반으로 자르면 각각의 조각은 다시 N극과 S극을 띕니다. 왜냐하면 하나의 자석 안에는 아주 작은 분자 자석들이 N극과 S극을 맞대며 열을 맞추고 있기 때문입니다. 분자 자석이 N극과 S극으로 이루어져 있기 때문에 큰 자석을 아무리 반으로 잘라도 다시 N극과 S극을 가지게 된답니다. 반으로 자른 걸 한 번 더 자르고, 또 반으로 잘라도 마찬가지입니다.

철로 된 못을 자석처럼 만들 수도 있습니다. 자석 안에 있는 수많은 분자 자석으로 인해 가능한 현상입니다. 철못을 막대자석의 한쪽 극으로 여러 번, 한 방향으로 문지르면 철못에 자석처럼 클립이 붙습니다. 철못 안에도 N극과 S극을 가진 작은 분자 자석이 있는데, 평소에는 자유롭게 있어서 자석의 성질이 나타나지 않습니다. 하지만, 막대자석의 한쪽 극을 철못에 대고 한 방향으로만 문지르면 철못 안의 분자 자석들이 반대극으로 줄을 맞추게 됩니다. 그렇게 되면 잠깐이지만 자성을 띄게 된답니다. 이를 '자화'라고 합니다

두두야, 낚시 가자!

응? 갑자기 웬 낚시냐?

책에서 봤는데 자석 낚시를 하면 강물 안에 있는 금속을 건져 올릴 수 있대! 자석 낚시로 금을 건져 올리면 맛있는 것도 잔뜩 살 수 있어!

당장 가자!

힝, 이게 뭐야! 한나절이나 했는데 금은커녕 온통 쓰레기잖아!

하하, 민재야. 금은 자석에 붙지 않은 금속이란다. 금속이라고 다 자석에 붙는 건 아니야.

도시락이나 먹자. 인간.

# 이 어휘를 통해 문해력이 더 깊어질 수 있어요!

- **금속** : 금이나 쇠처럼 광택이 나는 물질을 통틀어 이르는 말.
- **니켈** : 동전이나 전기차 배터리를 만들 때 사용되는 금속. 자석에 붙음.
- **알루미늄 캔** : 보통의 음료 캔. 같은 양이면 철보다 가볍다. 자석이 붙지 않는 소재.
- **말굽 모양** : U자 모양, 말의 발바닥을 보호하고자 U자 모양의 굽을 만들어 붙였음.

- **인력** : 서로 끌어당기는 힘.
- **척력** : 서로 밀어내는 힘.
- **자기력** : 자석끼리 작용하는 힘.
- **자성** : 자석의 성질.
- **자화** : 자석이 아닌 물체가 자석의 성질을 띄게 되는 것.
- **분자 자석** : 자석을 아주 잘게 쪼갰을 때의 단위, 아주 작은 자석.

근데 잠깐만!
**'자석'**이 무엇인지 물어보면
뭐라고 해야 돼?

민재에게 이 낱말을 설명해 주세요.

민재야, **'자석'**은

글을 잘 읽고 이해했는지 확인해 봅시다.
문제를 풀며 글을 한 번 더 찬찬히 읽어 보세요!

1. 막대자석 주변에 클립을 여러 개 떨어뜨리면 어떤 일이 벌어질까요?

　① 막대자석 양 끝에 클립이 달라붙습니다.

　② 막대자석 전체 표면에 클립이 붙습니다.

　③ 클립은 막대자석에 붙지 않습니다.

　④ 막대자석 위에 떨어진 클립은 어디든 그대로 붙습니다.

2. 자석에 대한 설명으로 옳은 것은 무엇인가요?

　① 자석은 모든 금속에 잘 붙습니다.

　② 자석과 직접 닿아야만 자석의 힘이 닿습니다.

　③ 자석을 반으로 잘라 N극 자석, S극 자석을 만들 수 있습니다.

　④ 철못에 자석을 문지르면 일시적으로 자석의 성질을 띱니다.

자석을 하나 준비한 후, 집에서 자석이 붙는 물체를 세 가지 이상 찾아봅시다. 하나의 물체가 여러 물질로 이루어져 있으니 구체적으로 적어 보세요.

# 지구가 거대한 자석이라고요?

사막 한가운데서 GPS도 없이 길을 잃었다고 상상해 봅시다. 남쪽으로 가야 목적지가 나온다는 것은 알아도, 어느 쪽이 남쪽인지조차 알기 어렵습니다. 자칫 반대 방향으로 걸으면 목적지에서 더 멀어질 테니 방향을 잘 잡아야 하지요. 이때 나침반이 있으면 쉽게 방향을 찾을 수 있어요. 나침반은 방향을 알려 주는 도구입니다. 나침반은 어떻게 발명되었을까요?

고대 사람들은 철 중에 항상 남쪽을 가리키는 철(지남철)이 있다는 걸 발견했습니다. 옛 중국에서는 이 지남철을 국자 모양으로 만들기도 했고, 때로는 물고기 모양으로 조각한 나무에 넣어 물에 띄웠습니다. 배에는 막대 모양의 지남철을 실로 매달아 두어 방향을 찾았습니다. 지남철은 오늘날의 천연 자석으로 항상 남쪽을 가리키기 때문에 지남철로 방향을 찾을 수 있었어요. 국자 모양의 지남철은 점점 가지고 다니기 쉬운 나침반으로 발전했습니다. 나침반은 중국의 4대 발명품 중 하나로 중앙아시아를 거쳐 유럽으로 전파되었답니다.

나침반은 왜 항상 같은 방향을 가리킬까요? 나침반 주변에 자석을 놓으면 나침반의 N극이 자석의 S극을 가리킵니다. 나침반의 바늘도 자석이기 때문에 인력이 작용해서 N극이 S극을 끌어당기는 것입니다. 즉, 나침반이 항상 한곳을 가리킨다는 것은 지구 또한 거대한 자석이라는 사실을 보여 줍니다.

자석의 N극과 S극은 방향에서 이름을 따왔습니다. 나침반에서 지구의 북쪽(North)을 가리키는 바늘 자석의 극을 N극, 남쪽(South)을 가리키는 바늘 자석의 극을 S극이라고 부르기로 약속했습니다. 자석은 서로 다른 극을 끌어당기니까 지구가 거대한 자석이라면 지구의 북쪽(North)이 S극인 셈입니다. 나침반의 N극이 가리키는 곳, 즉 북쪽이 지구 자석의 S극이라니 헷갈리지요? 북쪽(North)을 가리키는 나침반의 자석을 N극이라고 이름 지었다는 것만 기억해 주세요.

많은 과학자들은 지구가 왜 거대한 자석이 되었는지가 궁금해 그 이유를 찾았습니다. 먼 옛날에는 지구 땅속 깊은 곳에 거대한 자석이 있을 거라고 상상했습니다. 하지만 지구 안쪽은 단단한 자석이 아닌 아주 뜨거운 물질로 이루어져 있다는 것이 밝혀졌어요. 그 후, 더 이상 지구 내부에 자석이 있다고 생각하는 사람은 없습니다. 최근에는 지구 내부의 뜨거운 액체 물질이 빠르게 돌면서 발전기처럼 에너지를 만들어 내는데, 이 에너지가 지구에 거대한 자기장을 만든다고 보기도 합니다.

지구 자석의 힘은 매우 약해서 나침반을 만들 때도 약한 자석을 사용합니다. 나침반의 약한 자석은 잘못 보관하면 쉽게 고장 나기도 합니다. 이때 막대자석의 S극을 고장 난 나침반의 N극에 붙여 놓으면 다시 자화되어 정확하게 움직인답니다. 나침반 바늘의 분자 자석이 S극과 N극으로 대열을 맞출 수 있도록 막대자석이 도와주는 것이지요. 이 원리를 이용하면 작은 시침핀으로도 나침반을 만들 수 있답니다. 막대자석의 S극으로 시침핀 끝을 한쪽 방향으로만 문질러 자화시킨 후, 잎에 꿰어 물 위에 띄워 보세요. 시침핀 끝이 N극이 되어 북쪽을 가리킨답니다.

비슷한 원리로 막대자석을 보관할 때는 서로 다른 극끼리 마주 보게 해 두어야 자석의 힘을 잃지 않는답니다. 같은 극끼리 마주 보게 하여 보관하면 분자 자석의 대열이 흐트러지며 자석의 힘을 잃습니다.

처음 와 보는 옆 동네

북쪽으로 500m를 더 걸어가면 햄버거 가게가 있대.

당장 가자!

근데 어디가 북쪽이지?

아! 지도에 나침반이 있네. 이걸 보면 되겠다.

이 바늘은 뭐냐?

햄버거 가게

나침반이 뭔데, 여기를 잘 찾아왔냐?

나침반은 방향을 알려 주는 도구야. 나침반 바늘 N극이 가리키는 방향이 곧 북쪽이야.

바늘 N극인데 왜 북쪽(North)을 가리키냐? 지구는 거대한 자석이니까, 자석은 서로 다른 극을 끌어당기잖아? 그럼 남쪽(South)을 가리켜야 하는데?

N

S

헷갈리지? 북쪽을 가리키는 나침반의 바늘을 N극으로 하기로 약속했기 때문이야. 지구를 커다란 자석으로 볼 때 지구 자석의 북쪽은 S극의 자성을 띠고 있긴 해.

북쪽은 S극 자성을 띠고 있지!

S

N

S

- **GPS** : 위성에서 보내는 신호를 받아 현재 위치를 알려 주는 시스템. 길 찾기에 쓰임.
- **천연 자석** : 자연에서 얻은 자성을 띈 광석. 자철석이 대표적임.
- **발명품** : 이전에 없었던 것을 새롭게 만들어 낸 물건.
- **발전기** : 운동을 통해 전기 에너지를 만드는 장치.
- **자기장** : 자성이 미치는 공간. 자석 주변에서 자석의 힘이 작용하는 공간.
- **대열** : 줄지어 늘어선 행렬. 자석 안의 아주 작은 자석이 N-S-N-S극처럼 열을 이룸.
- **꿰다** : 잎에 시침핀과 같은 뾰족한 물체를 꽂음.

근데 잠깐만!
'**나침반**'이 무엇인지 물어보면 뭐라고 해야 돼?

민재에게 이 낱말을 설명해 주세요.

민재야, '**나침반**'은

진짜 읽기

글을 잘 읽고 이해했는지 확인해 봅시다.
문제를 풀며 글을 한 번 더 찬찬히 읽어 보세요!

1. 천연 자석에 대한 설명으로 알맞지 않은 것을 고르세요.

   ① 옛 중국에서는 항상 남쪽을 가리킨다고 해서 지남철이라 불렀습니다.

   ② 남쪽만 가리키기 때문에 다른 방향은 찾기 힘듭니다.

   ③ 국자 모양의 지남철은 휴대하기 쉽게 나침반으로 발전했습니다.

   ④ 지구는 거대한 자석이라 천연 자석이 한 방향을 가리킵니다.

2. 지구가 거대한 자석이 된 이유가 아닌 것을 고르세요.

   ① 지구 안쪽 깊은 곳에 큰 자석이 있기 때문입니다.

   ② 지구 안쪽의 뜨거운 액체가 움직이고 있습니다.

   ③ 지구 속 에너지가 지구 주변에 거대한 자기장을 만듭니다.

   ④ 지구 내부가 움직이면서 발전기처럼 에너지를 만듭니다.

3. 다음은 나침반의 극에 대한 설명입니다. 빈칸에 알맞은 방향을 순서대로 넣어 주세요.

   나침반에서 지구의 ㉠방향을 가리키는 바늘 자석의 극을 N극, ㉡방향을 가리키는 바늘 자석의 극을 S극이라고 약속했습니다.

㉠                               ㉡

한 줄
글쓰기
!

주변에서 자석 놀이 장난감을 찾아보세요. 자석이 어디에 있고 자석의 힘이 어떻게 쓰였는지 간단하게 소개해 주세요.

# 소리는 어떻게 내 귀에 전달될까요?

트라이앵글을 연주해 본 적이 있나요? 트라이앵글은 삼각형 모양의 금속으로 된 악기예요. 리듬에 맞춰 트라이앵글을 두드리면 '챙', '챙' 맑은 소리를 냅니다. 하지만 트라이앵글을 연주할 때 딱 한 가지 주의 사항이 있습니다. 트라이앵글에 고리를 걸고 그 고리를 잡고 쳐야만 맑은 소리가 난다는 겁니다. 트라이앵글을 고리 없이 손으로 잡고 치면 소리가 울리기는커녕 '딱', '딱' 답답한 소리만 나지요. 이유가 무엇일까요? 소리가 날 때의 공통점을 떠올려 봅시다.

소리는 물체가 진동하면서 발생합니다. 고개를 살짝 들어 목 중앙 약간 튀어나온 성대에 손을 올려 두고 말해 보세요. 말할 때 성대의 떨림이 느껴지지요? 작은 목소리로 말할 때와 큰 목소리로 말할 때의 진동도 비교해 보세요. 큰 소리를 낼수록 진동이 크게 느껴진답니다. 좋아하는 가수의 콘서트장에서 스피커 소리가 크게 울릴 때 내 심장이 그에 맞춰 뛰는 느낌이 드는 것 또한 스피커가 진동하며 소리를 내기 때문이지요.

그렇다면 진동으로 발생한 소리는 어떻게 내 귀에 전달될까요? 자, 실 전화기 놀이를 떠올려 봅시다. 종이컵 두 개에 실을 연결해 한쪽 종이컵에 대고 말하면 멀리 있는데도 다른 쪽 종이컵으로 크게 들을 수 있지요. 실을 팽팽하게 당길수록 소리가 잘 들립니다. 소리의 진동이 실을 따라 전달되기 때문입니다. 손으로 실을 잡으면 소리가 들리지 않아요. 전달되던 소리의 진동이 막혔기 때문입니다. 실 전화기 놀이는 소리의 전달을 아주 잘 보여 줍니다.

우리가 평상시 내는 소리는 무엇을 통해 전달되는 걸까요? 우리는 소리 내어 서로 대화합니다. 반대로 우주에서는 아무리 크게 외쳐도 소리가 들리지 않습니다. 눈에 보이지 않으면서 지구에는 있고 우주에 없는 것은? 공기입니다! 소리의 진동은 공기를 통해 우리 귀 속의 고막에 전달된답니다.

　물속에서는 소리가 전달될까요? 수영을 할 때 물 밖의 소리가 선명하게 들리지 않아 물속에서는 소리가 전달되지 않는다고 오해를 하기도 합니다. 하지만 공기와 같은 기체보다 물과 같은 액체에서 소리가 더 빠르게 전달됩니다. 공기를 이루는 분자는 띄엄띄엄 있어서 소리의 진동을 띄엄띄엄 전달한다면, 물과 같은 액체를 이루는 분자는 그보다 촘촘하게 있기 때문에 소리의 진동을 더 빠르게 전달할 수 있답니다. 그래서 먼 곳에 있는 배가 다가오는 소리는 물 밖보다 물속에서 더 먼저 들립니다. 다만 물속에서 물 밖의 소리가 웅성거림처럼 들리는 이유는 물속에서는 높은 소리보다 낮은 소리가 더 잘 전달되기 때문입니다. 고래가 내는 아주 낮은 저주파 소리는 물 밖보다 물속에서 더 선명하게 들린답니다.

　그럼 단단한 고체와 물과 같은 액체 중 어느 쪽이 소리가 더 빨리 전달될까요? 과거 인디언은 땅에 귀를 대고 멀리서 달려오는 말발굽의 소리를 먼저 들었다고 합니다. 물과 같은 액체보다 단단한 고체의 분자들이 더 촘촘하게 모여 있기 때문에 소리의 진동을 더 빨리 전달할 수 있기 때문입니다. 우리도 인디언처럼 귀를 가만히 바닥에 대어 봅시다. 미처 듣지 못한 여러 움직임을 소리로 먼저 만날 수 있을 거예요.

## 이 어휘를 통해 문해력이 더 깊어질 수 있어요!

- **성대** : 목 중간에서 소리를 내는 기관. 성대가 진동하며 소리를 냄.
- **고막** : 귓구멍 안쪽에 있는 막. 반투명한 막으로 공기의 진동을 속으로 전달함.
- **진동** : 흔들려 움직임.
- **분자** : 원래 물질을 가장 작게 쪼갰을 때의 한 조각.
- **저주파** : 주파수가 낮은 파동.

  ❗ 돌고래는 아주 높은 고주파 소리를 내지만, 혹등고래는 사람처럼 성대를 이용해 저음의 저주파 소리를 냅니다.

- **촘촘하게** : 틈이나 간격이 매우 좁거나 작게. 빽빽하게.
- **선명하게** : 분명하고 뚜렷하게.
- **인디언** : 콜롬버스가 미국 대륙을 발견하기 이전에 미국 대륙에 살고 있던 원주민.

근데 잠깐만!
'**진동**'이 무엇인지 물어보면 뭐라고 해야 돼?

민재에게 이 낱말을 설명해 주세요.

민재야, '**진동**'은

진짜 읽기

글을 잘 읽고 이해했는지 확인해 봅시다.
문제를 풀며 글을 한 번 더 찬찬히 읽어 보세요!

1. 소리가 어떻게 생기는지 빈칸에 들어갈 낱말을 적어 보세요.

소리는 물체가              하면서 발생합니다.

2. 소리의 전달에 대한 이야기 중 알맞게 말하는 친구를 고르세요.

① 미영 "소리는 공기나 물 등 물질의 진동을 통해 전달돼."

② 희진 "실 전화기의 실이 느슨할 때나 팽팽할 때나 소리는 비슷하게 전달돼."

③ 연수 "물 밖의 소리가 잘 안 들리는 걸 보면 물속에서는 소리가 전달되지 않아."

④ 주원 "단단한 고체의 분자는 너무 촘촘해서 소리가 잘 전달되지 않아."

3. 다음 중 소리가 들리는 과정을 순서대로 나열하여 기호를 써 보세요.

㉠ 고막이 진동하며 소리를 전합니다.

㉡ 목 중앙 성대가 떨리며 소리가 납니다.

㉢ 소리의 진동이 공기를 통해 전달됩니다.

㉣ 소리의 진동은 상대방의 고막에 전달됩니다.

     →       →       →

한 줄
글쓰기
!

우주에는 공기가 없어 소리가 전달되지 않습니다. 어떻게 하면 소리를 전달할 수 있을지 다양한 방법을 생각해 적어 봅시다.

_____

# 노이즈 캔슬링의 기능과 원리는 무엇일까요?

　소리는 진동으로 발생한다는 걸 안다면 우리 주변의 여러 소리를 이해할 수 있습니다. 북을 연주할 때 작은 소리를 내려면 살살 두드리고, 큰 소리를 내려면 세게 두드립니다. 조용한 공간에서 옆 사람에게 속삭일 때는 목에 힘을 빼고 말하고, 큰 소리로 발표해야 하거나 도움을 요청할 때는 목이나 배에 힘을 주고 소리를 냅니다. 크거나 작은 소리를 '소리의 세기'라고 합니다. 소리의 세기를 크게 하려면 힘을 세게 주어 큰 진동을 만들고, 반대로 작게 하려면 힘을 약하게 주어 작은 진동을 만듭니다.

　같은 세기로 악기를 연주해도 연주 방식에 따라 음의 높낮이가 달라집니다. 리코더를 연주할 때를 떠올려 보세요. 구멍을 모두 막으면 낮은 소리가 나고, 모두 열면 높은 소리가 납니다. 글로켄슈필은 짧은 음판을 연주했을 때 더 높은 소리가 납니다. 우쿨렐레나 기타, 바이올린과 같은 현악기를 연주할 때 높은 음을 내려면 지판을 잡은 손을 연주하는 손에 가깝게 이동해야 합니다. 진동하는 길이가 짧아질수록 높은 음이 나지요. 그렇다면 길이가 긴 빨대피리와 길이가 짧은 빨대피리 중 어느 쪽에서 더 높은 소리가 날까요? 길이가 짧은 빨대피리에서 더 높은 소리가 납니다. 소리의 높낮이 덕분에 우리는 아름다운 음악의 가락을 즐길 수 있답니다.

　고음을 잘 내는 사람을 보고 돌고래처럼 노래한다고 표현할 때가 있습니다. 돌고래는 사람이 들을 수 없는 초고음을 내기도 한답니다. 이것은 사람이 들을 수 있는 소리를 넘어섰다고 해서 초음파라고 말해요. 반대로 긴수염고래는 아주 낮은 소리, 저음으로 소통합니다. 고래의 소리를 연구하는 학자들은 고래에게 자신만의 소통 방식이 있다고 말합니다. 특히, 같은 장소에서 같은 종일지라도 어떤 무리와 함께 다니느냐에 따라 소리 내는 방식이 다르다고 해요. 마치 사람의 사투리와 같아 흥미롭습니다.

트라이앵글을 연주할 때 소리를 멈추려면 금속 부분을 손으로 잡아 줍니다. 물체가 떨려서 소리가 나기 때문에 그 떨림을 막아 소리를 막는 겁니다. 그렇다면 이어폰의 기능 중 귀에 꽂으면 주변의 소리가 들리지 않는 '액티브 노이즈 캔슬링(active noise cancelling)'은 어떻게 소리를 없앤 걸까요? 귀를 꼭 막는 방식이라 생각했는데, 똑같이 막아도 액티브 노이즈 캔슬링 기능을 활성화해야 주변 소리가 들리지 않는 걸 보면 뭔가 다릅니다.

액티브 노이즈 캔슬링은 소리를 소리로 없애는 방식입니다. 바깥에서 나는 소리를 인식한 뒤, 그것과 반대되는 진동의 소리를 발생시켜 원래 소리의 진동을 들리지 않게 하는 것입니다. 긴 줄을 양쪽에서 잡고 한쪽에서 흔들면 물결이 한쪽으로 이동하는 모습을 선명하게 볼 수 있습니다. 이때 맞잡고 있는 다른 한쪽에서 그와 반대되는 물결을 만들어 결국 어떤 모양도 보이지 않게 하는 방식입니다.

소리가 진동으로 전해지기 때문에 집에서 만든 소리가 벽이나 바닥을 타고 이웃집으로 전달됩니다. 사람의 기분을 좋지 않게 만드는 시끄러운 소리를 '소음'이라고 합니다. 우리가 뛰면서 만든 진동이 이웃집에는 큰 소음이 될 수 있으니 공동 공간에서 서로를 배려해 큰 소리를 내지 않는 지혜가 필요합니다. 미래에는 이어폰으로 노이즈 캔슬링을 하듯, 노이즈 캔슬링으로 층간 소음을 없애는 집이 지어지면 더할 나위 없이 좋겠네요.

노이즈 캔슬링 기능이
뭐지?

우아, 신기해!

바깥의 소음을
막아 주는 거야.

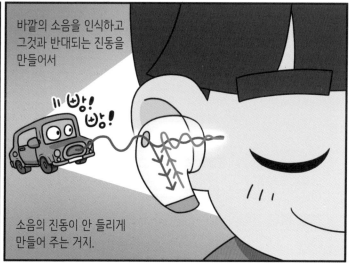

바깥의 소음을 인식하고
그것과 반대되는 진동을
만들어서

소음의 진동이 안 들리게
만들어 주는 거지.

와! 우리 집 바닥에도 노이즈
캔슬링 기능이 있으면 좋겠다.

층간 소음 걱정 없는 노이즈 캔슬링

진짜 신날 텐데!

## 이 어휘를 통해 문해력이 더 깊어질 수 있어요!

- **공간** : 아무것도 없는 빈 곳. 영역이나 범위를 의미하기도 함. ⑩ 놀이 공간.

- **힘을 빼다** : 힘이나 기운을 몸에서 없어지게 하다.

- **힘을 주다** : 힘이나 기운을 몸에 채우다.
  ⑩ 큰 소리를 낼 때는 아랫배에 힘을 줍니다.
  ❶ 거만한 태도를 표현할 때 "어깨에 힘을 줬네"라고 말하기도 합니다.

- **연주** : 악기를 다루어 곡을 표현하는 일.

- **글로켄슈필** : 작은 쇳조각을 늘어놓고 채로 쳐서 소리 내는 악기.
  ❶ 학교에서 실로폰이라 불렀던 타악기의 정확한 명칭은 글로켄슈필이다.

- **현악기** : 줄(현)을 켜거나 타서 소리를 내는 악기.

- **가락** : 소리의 높낮이가 리듬과 어울려 나타나는 음의 흐름. 멜로디.

- **초고음** : 아주 높은 소리.

- **사투리** : 방언. 특정 지방에서만 쓰는 표준어가 아닌 말.

- **이어폰** : 귀에 끼우거나 밀착해 소리를 들을 수 있는 장치.

- **물결** : 물이 움직여 표면이 올라갔다 내려왔다 하듯 파도처럼 움직이는 모양.

- **배려** : 도와주거나 보살펴 주려고 마음을 씀.

근데 잠깐만!
'**소음**'이 무엇인지 물어보면 뭐라고 해야 돼?

민재에게 이 낱말을 설명해 주세요.

민재야, '**소음**'은

글을 잘 읽고 이해했는지 확인해 봅시다.
문제를 풀며 글을 한 번 더 찬찬히 읽어 보세요!

1. 소리의 세기를 조절하기 위해 어떻게 해야 하는지 빈칸에 들어갈 낱말을 적어 보세요.

큰 소리를 내려면 세게 힘을 주어 _____ 을 만들고, 작은 소리를 내려면 힘을 약하게 주어 _____ 만듭니다.

2. 소리의 높낮이를 떠올리며 악기를 연주할 때 낮은 음이 나는 경우를 고르세요.

① 길이가 짧은 빨대 피리.

② 리코더의 구멍을 모두 열었을 때.

③ 칼림바에서 긴 음판을 연주했을 때.

④ 글로켄슈필에서 짧은 음판을 연주했을 때.

3. 글을 다시 읽고 소리의 진동 물결 위에 노이즈 캔슬링의 원리를 그려 봅시다.

한 줄
글쓰기
!

큰 소리로 발표하려면 어떻게 해야 할까요? 소리를 크게 내며 발표하는 비법을 적어 봅시다.

_____

# 뉴턴의 운동 법칙 3가지

널리 알려진 이야기 속에는 사과가 자주 등장합니다. 아들 머리 위의 사과를 화살로 명중시킨 빌헬름 텔의 이야기, 현대 미술의 시작을 알린 화가 세잔이 그린 사과 등 이야기나 그림에서 사과는 중요한 물체로 등장합니다. 뉴턴의 사과도 빼놓을 수 없습니다. 영국의 물리학자 아이작 뉴턴은 사과가 떨어지는 모습을 보고 만유인력의 법칙을 발견했다고 합니다. 사실 뉴턴이 진짜 사과가 떨어지는 모습을 보고 물리학 법칙을 고민했는지에 대한 기록은 없습니다. 뉴턴이 살던 집 마당에 사과나무가 있었던 것으로 미루어 보아, 주변 사람들에게 그 사과를 예로 들며 설명하지 않았을까 추측해 봅니다. 사실이든 아니든, 사과를 보며 뉴턴을 떠올리는 사람은 여전히 많습니다.

뉴턴은 만유인력의 법칙 이외에도 물체가 어떻게 움직이는지, 왜 그렇게 움직이는지를 평생 연구했습니다. 그리고 그 연구 결과를 『프린키피아-자연철학의 수학적 원리』라는 책에 정리했습니다. 뉴턴이 쓴 이 책의 초판본은 경매에서 44억 원에 낙찰되었을 정도로 서양 과학사에서 아주 중요한 의미를 지닙니다. 현대 과학의 대부분이 뉴턴의 법칙을 바탕으로 연구되고 있기 때문입니다.

뉴턴의 첫 번째 운동 법칙은 관성의 법칙입니다. 버스나 차를 타고 가다가 갑자기 멈춰 서면 몸이 앞으로 기울어집니다. 반대로 멈춰 있던 버스가 갑자기 출발할 때 몸이 갑자기 뒤로 젖혀집니다. 뉴턴은 이 움직임의 이유를 물체가 자신의 상태를 그대로 유지하려는 관성이 있다고 표현합니다. 움직이던 물체는 계속 움직이려고 하고, 멈춰 있던 물체는 계속 멈춰 있으려고 합니다. 버스가 갑자기 멈췄지만, 우리는 가던 방향대로 달리려고 하기 때문에 몸이 앞으로 기울어집니다. 멈춰 있던 버스가 갑자기 출발할 때도 마찬가지입니다. 우리 몸은 멈춰 있으려고 하기 때문에 버스가 움직이는 방향과 반대로 몸이 움직이는 것이지요.

두 번째 운동 법칙은 **가속도의 법칙**입니다. 장난감 자동차를 세게 밀면 자동차가 빨리 굴러갑니다. 힘을 주었더니 가속도가 커진 것이지요. 더 빠르게 굴리려면 힘을 더 주어야 합니다. 그런데 장난감 자동차 두 대를 같은 힘으로 밀 때, 하나는 무거운 자동차고 하나는 가벼운 자동차라면 가벼운 자동차가 더 빠르게 움직입니다. 즉, **가속도의 법칙이란 힘을 더 많이 줄수록 가속도가 커지고, 물체가 무거울수록 속도가 줄어든다는 것**입니다.

세 번째 운동 법칙은 **작용, 반작용의 법칙**입니다. 로켓은 연료를 분출하며 땅을 밀어내는 추진력으로 하늘 높이 올라갑니다. 로켓 연료를 분출해 땅을 미는 힘을 만들었을 뿐인데, 그 반대 방향으로 반작용하는 힘이 생겨 로켓이 발사되는 것이지요. 즉, **작용 반작용의 법칙은 한쪽으로 힘을 주면 반대 방향으로도 같은 크기의 힘이 생기는 것을 말합니다.** 빠른 속도로 달리거나 자전거를 탈 때 다른 물체와 부딪히지 않도록 주의해야 한다는 말을 많이 들었지요? 신나게 달리다가 벽에 부딪히면 뒤로 튕겨져 나옵니다. 달리고 있었기 때문에 우리 몸이 벽에 힘을 주었고(작용), 그만큼 벽이 우리를 뒤로 튕겨내는 반작용의 힘이 생겼기 때문입니다. 이처럼 안전한 생활을 위한 규칙에서도 작용 반작용의 법칙을 찾을 수 있답니다.

뉴턴은 당연하게 여겨지던 생활 속 모습에 질문을 던지며 물체가 움직이는 규칙을 찾았습니다. 여러분도 무심코 지나치던 일상적인 모습에도 질문을 던지고 고민해 보세요. 뉴턴처럼요.

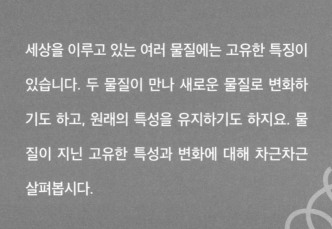

세상을 이루고 있는 여러 물질에는 고유한 특징이
있습니다. 두 물질이 만나 새로운 물질로 변화하
기도 하고, 원래의 특성을 유지하기도 하지요. 물
질이 지닌 고유한 특성과 변화에 대해 차근차근
살펴봅시다.

Part 02

물질은
변화해요

# 세상은 무엇으로 이루어져 있을까요?

아주 먼 옛날부터 사람들은 세상이 무엇으로 이루어져 있는지 궁금해했습니다. 어떤 이들은 세상이 물로 이루어졌다고 생각했고, 또 어떤 이들은 물, 불, 공기, 흙으로 이루어졌다고 생각했지요. 이 네 가지가 어떻게 합쳐지느냐에 따라 세상에 존재하는 모든 물건을 만들 수 있다고 생각한 겁니다. 이러한 주장을 '4원소설'이라고 합니다. 물론 현대 과학에서는 사실이 아니라고 밝혀졌지만요.

과거의 사람들은 값싼 재료로 귀한 금을 만들어 보려는 연금술에 도전하기도 했습니다. 하지만 모두 실패했습니다. 시간이 흘러 현대 과학에서는 세상을 이루는 가장 기본 성분을 '원소'라고 하고, 이 원소들이 어떻게 합쳐지느냐에 따라 새 물질이 만들어진다고 봅니다. 금은 하나의 원소로, 다른 물질을 이루는 기본 성분이기 때문에 만들어 낼 수 없었던 것이지요.

물질은 물체를 만드는 재료입니다. 유리컵은 '유리'라는 물질로 만들어져 있고, 나무 책상은 '나무'라는 물질로 만들어졌습니다. 유리는 투명해서 속을 볼 수 있는 특징이 있고, 나무는 나무결이 아름답고 딱딱하다는 특징이 있습니다. 예로부터 우리는 나무를 이용해 다양한 물건을 만들었습니다. 주변에서 쉽게 구할 수 있었거든요. 이번에는 고무로 만든 물체를 세 가지만 떠올려 볼까요? 고무장갑, 고무줄, 고무 타이어 등이 있습니다. 이 물체들은 잘 늘어난다는 특징이 있지요. 플라스틱으로 만들어진 펜, 샤프, 반찬통, 시계, 페트병 등은 색도 다양하고 가볍습니다. 잘 깨지지 않아 어린이를 위한 컵이나 그릇으로 만듭니다.

하나의 물건을 만들 때 각기 다른 재료를 쓰기도 합니다. 같은 컵이라고 할지라도 유리컵, 금속 컵, 나무 컵, 플라스틱 컵 등 다양한 물질로 만들 수 있지요. 유리컵은 속에 담긴 음료가 투명하게 비쳐 보이는 대신 잘 깨집니다. 플라스틱 컵은 가볍고 깨지지 않아 안전하게 사용하는 대신 흠집이 쉽게 납니다. 금속 컵에 음료를 담으면 온도를 유지한 채 먹을 수 있다는 장점이 있습니다. 즉, 쓰임새가 같은 물건이라도 용도와 기능에 따라 가장 알맞은 물질을 선택해 만드는 것이지요. 만일 교실 안의 모든 물건을 유리로 만든다면 어떻게 될까요? 투명한 책상을 사용하면 서랍이 훤히 보여 물건을 찾기 쉬울 수 있지만, 깨지기 쉬워서 아주 조심히 사용해야 할 것입니다.

물질마다 특성이 다르기 때문에 여러 물질을 사용해 하나의 물체를 만들기도 합니다. 우리가 타는 자전거는 몸체는 금속, 바퀴와 손잡이는 고무, 바구니는 플라스틱을 사용합니다. 만일 나무만 이용해 자전거를 만든다면 어떨까요? 바퀴부터 안장까지 모두 나무로 된 자전거를 상상해 봅시다. 나무결 무늬는 근사하지만 작은 돌멩이에도 바퀴가 걸려 부서지거나, 엉덩이가 아파 오래 타기 어려울 것입니다. 그래서 지금의 자전거를 보면 몸체와 바퀴의 살은 금속으로 만들어 단단하게 하고, 고무 타이어를 사용해 바닥의 충격을 흡수합니다.

서로 다른 물질들을 어떻게 섞느냐에 따라 물질의 성질이 달라질 수도 있고, 달라지지 않을 수도 있습니다. 물풀에 반짝이는 글리터를 넣으면 반짝이는 풀이 됩니다. 여전히 끈적끈적해서 종이를 붙일 수 있는 풀의 성질이 남아 있지요. 하지만 물풀에 베이킹 소다와 렌즈 세척액을 넣고 잘 반죽하면, 점토처럼 덩어리지면서도 손에 묻어나지 않는 슬라임이 된답니다. 끈적끈적한 풀의 성질이 사라지면서 손에 묻어나지 않아 마음껏 주무르며 놀 수 있는 장난감이 된 겁니다. 물질의 성질을 이해하고 혼합하면 무궁무진한 발명품을 만들 수도 있답니다.

유리 공예전

와, 예쁘다.

아무래도 난
유리로 된 걸 좋아하나 봐.
예뻐서 다 마음에 들어.

그래?

만약 교실이 유리로 되면 공부도 더 잘되지 않을까?

아마 진짜, 진짜….

와장창!!

… 진짜 무섭겠다.

물체들을 만들 때는
다 그 물질을 써서 만든
이유가 있는 거라고.
쓰임에 맞게 물질을 선택해서
물건을 만든 거지.

## 이 어휘를 통해 문해력이 더 깊어질 수 있어요!

- **4원소설** : 세상의 모든 물체가 물, 불, 공기, 흙으로 이루어져 있다는 주장.
- **값싼** : 가격이 낮은, 저렴한.
- **합성** : 둘 이상의 것이 합쳐져 성질이 변함.
- **고무** : 잘 늘어났다 원래대로 돌아가는 성질이 있음.
- **연금술** : 값싼 재료로 비싼 금을 만드는 기술.
- **원소** : 세상을 이루는 가장 기본 성분.

- **물질** : 물체를 만드는 재료, 본바탕.
- **물체** : 눈에 보이는 형태를 가지고 있는 것.
- **용도** : 쓰이는 곳. 쓰임새.
- **기능** : 역할을 함.
- **유지하다** : 그대로 보존하거나 변함없이 계속하다.
- **바퀴의 살** : 바퀴의 중심에서 테까지 연결되는 막대나 철사.
- **성질** : 고유의 특성.

근데 잠깐만!
'**원소**'가 무엇인지 물어보면
뭐라고 해야 돼?

민재에게 이 낱말을 설명해 주세요.

민재야, '**원소**'는

진짜 읽기

글을 잘 읽고 이해했는지 확인해 봅시다.
문제를 풀며 글을 한 번 더 찬찬히 읽어 보세요!

1. 글을 읽고 물질과 물체에 대한 설명 중 옳지 않은 것을 고르세요.

    ① 쓰임새가 같은 물건은 같은 물질로 만듭니다.

    ② 플라스틱으로 잘 깨지지 않는 컵을 만들 수 있습니다.

    ③ 금은 원소를 합성해 만들어 낼 수 없습니다.

    ④ 서로 다른 물질을 섞어 새로운 성질의 물질을 만들 수 있습니다.

2. 다음 중 물질이 무엇인지 골라 동그라미 치세요.

    고무공, 나무컵, 유리, 고무장갑, 금속컵, 다이아몬드, 금, 반찬통, 시계, 샤프, 철, 펜

3. 물건을 이루는 재료가 용도에 맞게 선택된 것을 고르세요.

    ① 운동할 때 신는 가벼운 신발은 금속으로 만듭니다.

    ② 책가방을 안전하게 사용하기 위해 유리로 만듭니다.

    ③ 자전거 바퀴는 바닥의 충격을 흡수하기 위해 나무로 만듭니다.

    ④ 아이가 사용하는 컵은 잘 깨지지 않도록 플라스틱을 사용합니다.

한 줄 글쓰기!

우리가 사용하는 많은 물건은 여러 물질로 이루어져 있습니다. 지금 나의 필통이 어떤 물질로 이루어져 있는지 소개해 봅시다.

_____

# 슬라임의 정체를 밝혀라! 물질의 상태

슬라임은 독특한 놀잇감입니다. 물에 가깝다고 해야 할까요? 혹은 점토에 가깝다고 해야 할까요? 주무르는 대로 모양이 만들어지면서도 금세 주르륵 흘러버리니 말입니다. 물질의 세 가지 상태에 대해 알아보며 슬라임의 상태를 어떻게 말해야 할지 답을 생각해 봅시다.

컵에 담긴 물을 다른 컵에 옮겨 봅니다. 컵의 모양에 맞춰 물이 옮겨 담깁니다. 물처럼 담는 그릇에 맞춰 모양과 크기가 변하는 상태를 '액체'라고 합니다. 액체는 한자로 '진 액(液), 몸 체(體)'를 사용합니다. 나무의 진액이나 즙과 같은 상태를 뜻합니다.

이번에는 같은 컵에 플라스틱 블록 장난감을 담아 보겠습니다. 블록의 모양 때문에 컵이 듬성듬성 채워집니다. 물을 컵에 따르면 물이 분리되지 않고 하나로 연결되어 흐르지만, 블록을 다른 컵에 옮기면 온전한 모양으로 하나씩 떨어져 이동합니다. 블록처럼 움직여도 모양과 크기가 변하지 않는 상태를 '굳을 고(固), 몸 체(體)'를 써서 '고체'라고 합니다.

주변에서 고체를 찾아보겠습니다. 책, 책상, 지우개, 연필 등 일정한 형태를 가지는 모든 물건을 떠올렸다면 성공입니다. 물, 주스, 피 등 흘러내리는 물질은 액체입니다. 그럼 푹신푹신한 인형은 무엇일까요? 단단하지 않더라도 크기와 모양이 일정하게 유지되고 있고, 다른 곳에 쏟았을 때 흐르지 않았기 때문에 고체입니다. 그렇다면 가루 설탕은 고체일까요, 액체일까요? 작은 알갱이로 이루어진 설탕이 주르륵 흐른다고 오해하는 경우도 있습니다. 하지만 설탕은 작은 설탕 알갱이들이 하나씩 떨어져서 이동합니다. 연결되어 흐르는 물과는 다르지요. 즉, 설탕은 작은 고체인 설탕 알갱이들이 모여 있는 것입니다.

　물질의 상태 중 마지막 하나는 눈에 보이지 않는 '기체'입니다. 기체는 '기운 기(氣)' 를 사용해 눈에는 보이지 않지만 다른 감각으로 느낄 수 있는 물질을 말합니다. 물놀이할 때 사용하는 튜브는 바람을 불어넣어야만 팽팽하게 부풀어 오르며 제 기능을 합니다. 튜브에서 나오는 바람은 눈에 보이지 않지만 튜브 안에 자리하고 있습니다. 비닐봉지를 들고 뛰면 봉지 안에 바람이 가득 찹니다. 봉지 속에 있는 공기는 눈에 보이지 않지만, 부푼 봉지를 보면 공기가 봉지 안에 공간을 차지하고 있다는 것을 알 수 있습니다.

　공기가 빠진 공과 공기를 꽉 채운 공 중 어느 쪽이 더 무거울까요? 공기가 가득 찬 공이 약간 더 무겁습니다. 기체도 무게를 가진다는 증거이지요. 공기는 적당한 용기에 담아 옮길 수도 있답니다. 공기 호흡기는 공기를 담아 물속이나 공기가 적은 높은 산에서 사용할 수 있는 기구입니다. 공기와 같은 기체는 눈에 보이지 않을 뿐 공간을 차지하며 무게를 가지고 있고, 옮길 수도 있는 엄연한 물질이랍니다.

　고체, 액체, 기체를 구분할 수 있다면 다시 처음 질문으로 돌아가 봅니다. 슬라임은 고체일까요, 액체일까요? 슬라임을 반죽해서 마음대로 모양을 만드는 것을 보면 고체와 가깝습니다. 하지만 통에 담으면 용기의 모양에 맞춰 변하고, 쏟으면 연결되어 연속적으로 흐르는 것으로 보아 액체의 성질도 갖고 있습니다. 슬라임처럼 액체에 가깝지만 고체의 성질도 가진 물질을 '비뉴턴유체'라고 합니다. 이처럼 세상에는 고체, 액체, 기체로 분류할 수 없는 물질도 있답니다. 슬라임이 재미있는 건 그 아리송함 때문일 수 있습니다. 슬라임을 넓게 펼쳐서 사방에서 잡고 위로 높이 들었다 바닥에 붙이면 공기를 담은 바닥 풍선도 만들 수 있어요. 슬라임은 고체, 액체, 기체를 모두 경험할 수 있는 장난감입니다.

부피가 있고 형태가 변하면서
흐르는 상태인 '액체'

부피와 형태가 일정하고,
딱딱한 상태인 '고체'

눈에 보이지 않고 부피도 일정하지
않은 상태인 '기체'

이 어휘를 통해 문해력이 더 깊어질 수 있어요!

- **상태** : 사물이나 현상이 놓여 있는 모양이나 형편.

  ❗ 고체, 액체, 기체로 물질의 상태를 분류합니다.

- **진액** : 나무에서 얻을 수 있는 물과 같은 즙.

- **온전한** : 부서지거나 망가지지 않고 원래의 모습을 간직하며. 고스란히.

- **알갱이** : 열매나 곡식 따위의 낱알. 낱알을 세는 단위를 말하기도 함.

- **감각** : 눈, 코, 귀, 혀, 피부를 통해 바깥의 자극을 알아차림.

- **연결** : 서로 이어지다, 맞닿다.

- **증거** : 어떤 사실을 증명할 수 있는 근거, 바탕이 되는 이유.

- **엄연한** : 분명한, 확실한.

- **분류** : 비슷한 특성을 가진 것끼리 묶음.

- **아리송함** : 그런 것 같기도 하고 그렇지 않은 것 같기도 하여 분간하기 어려움.

근데 잠깐만!
**'물질의 상태'**가 무엇인지 물어보면 뭐라고 해야 돼?

민재에게 이 낱말을 설명해 주세요.

민재야, **'물질의 상태'**는

글을 잘 읽고 이해했는지 확인해 봅시다.
문제를 풀며 글을 한 번 더 찬찬히 읽어 보세요!

1. 글을 읽고 물질의 상태에 대해 바르게 말한 친구를 <u>모두</u> 고르세요.

  ① 도하 "슬라임은 반죽할 수 있으면서도 주르륵 흘러서 재밌어."

  ② 리환 "슬라임처럼 액체에 가깝지만 고체의 성질도 가진 물질을 비뉴턴유체라고 해."

  ③ 우현 "맞아. 반죽하면서 모양을 마음대로 만드는 건 고체의 성질이야."

  ④ 승준 "사실 기체는 눈에 보이지 않아서 물질이라고 하기 어려워."

2. 다음 중 물질의 상태가 나머지와 다른 것을 고르세요.

  ① 물                          ② 피
  ③ 주스                        ④ 가루 설탕

3. 주변에서 고체로 된 물건을 3가지 이상 찾아보세요.

한 줄
글쓰기
!

소고기무국에는 소고기와 무, 육수(국물)가 들어갑니다. 이 재료들 중 고체와 액체를 각각 하나씩 찾아 문장으로 써봅시다.

_____

# 물의 3단 변신을 알아보아요

추운 겨울날이면 수도관 동파가 걱정된다는 뉴스가 종종 나옵니다. 수도관 동파는 수도꼭지와 연결된 수도관이 얼어서 터지는 바람에 망가졌다는 뜻입니다. 단지 얼었을 뿐인데 수도관이 왜 터질까요? 이것은 물의 상태 변화와 관련이 있습니다.

세상 대부분의 물질은 고체, 액체, 기체 중 하나의 상태로 존재합니다. 하지만 같은 물질이라도 특정한 조건이 갖추어지면 상태가 변합니다. 물은 평상시에는 액체 상태지만, 추워지면 고체인 얼음이 됩니다. 그리고 물이 얼음이 될 때는 그 부피가 커집니다. 페트병에 담긴 물을 냉동실에 얼리면 바닥이 봉긋하게 솟아올라 홀로 세우기도 어렵답니다. 때문에 유리병에 담긴 음료수를 냉동실에 그대로 얼리면 물의 부피가 커지면서 병이 깨질 때도 있습니다. 마찬가지로 겨울 수도관에 물이 고인 채로 꽁꽁 얼면, 물의 부피가 커져서 심할 경우 수도관이 터지는 겁니다.

그렇다면 같은 양의 얼음 페트병과 물 페트병 중 더 무거운 것은 어느 쪽일까요? 얼음 페트병의 부피가 커진 만큼 더 무거워졌을 거라고 생각할 수도 있지만, 실제로 재면 동일합니다. 물이 얼음으로 상태가 변하면 부피는 약간 더 커지지만 무게에는 변화가 없기 때문입니다. 소풍 갈 때 얼음물을 챙기든 물을 챙기든 가방의 무게는 동일하답니다.

액체 상태였던 물은 기체 상태인 수증기로 변하기도 합니다. 젖은 빨래나 젖은 머리가 시간이 지나면 마르는 것은 물이 증발하여 눈에 보이지 않는 수증기로 변한 것입니다. 비가 많이 온 날에는 빨래가 평소보다 늦게 마릅니다. 공기 중에 수증기가 이미 꽉차 있어 증발할 공간이 부족하기 때문입니다. 또, 수분이 공기와 닿는 면적이 넓어지면 증발이 더 빨리 일어납니다. 젖은 빨래를 뭉쳐 두었을 때보다 모두 펼쳤을 때 빨래가 잘 마르는 것처럼요.

수증기는 물이 끓을 때 뽀얗게 올라오는 '김'과는 다릅니다. 수증기는 기체이지만, 눈에 보이는 '김'은 액체입니다. 물을 끓일 때 보이는 뽀얀 김은 기체인 수증기가 찬 공기에 닿아 작은 물방울로 변한 액체입니다. 그래서 주전자에서 김이 나올 때 가만히 관찰하면, 주전자의 주둥이 근처에서는 아무것도 보이지 않다가 조금 위쪽으로 김이 보이는 것을 확인할 수 있답니다.

물이 끓는다는 것은 어떤 것일까요? 요리를 할 때 냄비에 물을 담고 온도를 높이면 물이 데워지면서 냄비 아래쪽에 보글보글 공기 방울이 생기기 시작합니다. 이 공기 방울이 커지면서 위로 솟아오를 때 '물이 끓는다'고 말합니다. 물은 자연스레 증발하기도 하지만, 물을 끓이면 더 빠른 속도로 수증기가 됩니다. 과거에는 소금을 얻기 위해 바닷물을 끓여서 물을 증발시켰습니다. 그랬더니 연료비가 많이 들고 방법이 번거로워 바닷물을 가둬 두고 햇볕에 증발시켜 소금을 얻는 천일제염법으로 서서히 바꾸어 갔습니다.

물(액체)이 얼음(고체), 수증기(기체)로 상태가 변화하는 것을 이용해 음식을 만들기도 합니다. 마른 오징어, 마른 미역, 다시마 등은 식재료의 수분을 증발시켜 맛을 좋게 하고 오래 보관할 수 있게 만든 음식입니다. 냉면의 육수를 살짝 얼리면 얼음이 다 녹을 때까지 시원하게 냉면을 먹을 수도 있습니다. 얼음을 갈아 달콤한 팥을 얹어 팥빙수를 만들기도 합니다. 물을 끓여서 수증기의 열기로 고구마를 찌기도 하지요. 맛있는 음식을 먹으며 물의 상태 변화를 같이 떠올려 봅시다.

- **동파** : 얼어서 터짐.
- **변화** : 성질, 모양, 상태가 바뀌어 달라짐.
- **상태 변화** : 고체, 액체, 기체가 각각 에너지를 주고 받으며 다른 상태로 변함.
- **부피** : 공간을 차지하는 양.
  ❗ 부피가 큰 것과 무거운 것은 다릅니다.
- **봉긋하게** : 소복하게 솟아 있는 상태.
- **증발** : 액체가 끓지 않아도 기체로 변하는 현상.

- **끓다** : 액체가 몹시 뜨거워져서 소리가 나며 거품이 솟아오르다.
- **면적** : 표면의 넓이.
  ❗ 글에서는 공기와 닿는 부분이 넓을 때 증발이 빠르다고 설명합니다.
- **수분** : 축축한 물기.
- **육수** : 고기를 삶아낸 물. 글에서는 냉면에서 국물을 의미함.
- **열기** : 뜨거운 기운.
  ❗ 물을 끓여서 생긴 수증기는 뜨거워서 고구마 등 음식을 찔 수 있습니다.

근데 잠깐만!
'**수증기**'가 무엇인지 물어보면 뭐라고 해야 돼?

민재에게 이 낱말을 설명해 주세요.

민재야, '**수증기**'는

글을 잘 읽고 이해했는지 확인해 봅시다.
문제를 풀며 글을 한 번 더 찬찬히 읽어 보세요!

1. 다음에서 설명하는 현상은 무엇인가요?

> 액체가 끓지 않아도 기체로 변하는 현상

답

2. 다음 중 물이 고체, 액체, 기체일 때 각각 뭐라고 부르는지 알맞게 연결된 것을 고르세요.

|   | 고체 | 액체 | 기체 |
|---|---|---|---|
| ① | 얼음 | 수증기 | 물 |
| ② | 물 | 얼음 | 수증기 |
| ③ | 수증기 | 물 | 얼음 |
| ④ | 얼음 | 물 | 수증기 |

3. 추운 겨울철에 수도관이 동파되었다는 뉴스를 보고 친구들이 나눈 대화입니다. 수도관 동파에 대해 바르게 설명한 친구를 모두 찾으세요.

① 지연 "따뜻한 물을 사용하지 않아서 수도가 얼었나 봐."

② 우진 "특히 추운 겨울에는 물을 많이 사용하니까 말이야."

③ 아영 "수도관에 물이 고인 채로 얼어 버리면 동파되기 쉬워."

④ 현민 "물은 얼음이 되면 부피가 커지니까 수도관이 터질 수 있어."

# 비를 만들 수 있을까요?

물이 수증기로 변하기도 하지만, 눈에 보이지 않던 수증기가 물로 변하기도 합니다. 추운 겨울날 버스 유리창에 서린 뿌연 김, 추운 야외에서 실내로 들어갔을 때 뿌옇게 흐려지는 안경, 목욕탕 천장이나 벽에 맺힌 물방울들은 수증기가 물로 변화한 모습입니다.

집에서도 간단한 실험이 가능합니다. 유리컵에 얼음과 차가운 주스를 따라 놓고 잠시 기다려 보세요. 유리컵 표면에 작은 물방울들이 송골송골 생기면서 점점 큰 물방울이 맺힙니다. 주스가 새어 나온 것도 아니고, 물을 따로 묻히지 않았는데도 물방울이 생겼답니다. 이 물방울은 어디에서 왔을까요?

이 물방울은 유리컵 주변의 공기가 차가운 컵과 만나면서 눈에 보이지 않던 공기 중의 수증기가 액체인 물로 변한 것입니다. 이러한 현상을 '응결'이라고 합니다. 한자 '엉길 응(凝), 맺을 결(結)'을 사용해 물방울이 엉겨 맺혔다는 의미입니다. 액체인 물이 기체인 수증기로 변화하는 것을 증발이라고 한다면, 응결은 기체인 수증기가 액체인 물로 변화하는 것입니다.

응결은 따뜻한 공기가 차가운 물체를 만났을 때 일어납니다. 국을 끓일 때 냄비 뚜껑 안쪽에 물방울이 맺히는 이유는 수증기로 변한 물이 차가운 냄비 뚜껑에 닿으며 물방울로 응결된 것이랍니다. 차가운 주스를 따랐을 때와는 달리, 미지근한 주스를 유리컵에 따라 두었을 때는 유리컵 밖 응결된 물방울이 잘 보이지 않습니다. 추운 날 차에 서린 김을 제거하기 위해 실내 에어컨을 켜는 것을 본 적이 있나요? 혹은 유리창 열선을 켜서 차 유리를 따뜻하게 만들기도 합니다. 이것은 차 안과 밖의 온도차를 줄여 김서림을 제거하는 방법입니다.

하늘에서 내리는 비도 응결 현상 중 하나입니다. 비가 강이나 바다로 흘러 들어갑니다. 강이나 바다의 물은 자연스레 증발하여 눈에 보이지 않는 수증기가 됩니다. 하늘로 올라간 수증기는 하늘 높이 차가운 곳에 도착해 응결됩니다. 응결된 수증기는 아주 작은 물방울이 되고, 이 작은 물방울이 모여 구름이 됩니다. 구름 속 작은 물방울들은 하나로 합쳐지며 큰 물방울이 되고, 더 무거워지면 비나 눈이 되어 다시 땅으로 내립니다. 물은 증발과 응결 과정을 통해 수증기, 눈, 비 같은 상태 변화를 반복하며 순환합니다.

아주 먼 옛날, 가뭄으로 농사가 힘들어지면 사람들은 신에게 비를 내려 달라고 빌었습니다. 비가 내리지 않아 농사를 짓지 못하면 굶어 죽기도 했으니까요. 비를 기다리는 것 이외에 할 수 있는 것이 없을 때, 비가 올 때까지 기우제를 지냈습니다. 비가 오면 기우제 덕에 신이 비를 내려 주었다고 기쁘게 생각할 수 있고, 비가 오지 않으면 조금 더 노력하라는 신의 뜻으로 여길 수 있었습니다. 현대인들에게는 어리석어 보일지 모르지만, 옛사람들이 가능성이 희박한 일에 도전하면서 기울였던 노력이기도 합니다. 현대 과학에서는 기우제 대신 응결을 이용해 인공으로 비를 내리는 기술을 연구하고 있답니다.

구름 속에 들어가면 어떤 기분일까요? 높은 산에 올라 산허리에 걸린 구름 속으로 들어가면 평소보다 습한 공기를 만날 수 있습니다. 폭신폭신한 솜사탕 같은 구름을 기대한 친구들은 실망할 수도 있지만, 거대한 구름이 고체라면 언제 하늘에서 쿵 떨어져 사람들에게 피해를 줄지 몰라 전전긍긍하게 될 것입니다. 구름은 작은 물방울들의 모임이어서 안개 낀 날에 거리를 걸으면 구름 속을 걷는 것과 비슷한 기분을 느낄 수 있습니다. 수증기가 높은 곳에 응결되면 구름이라 부르고, 땅 가까이에 응결되면 안개라고 부른답니다.

민재야. 주말에 등산 하는 거 어떠니?

등산이요? 싫은데…

그럼 구름을 만나러 가는 건 어때? 구름을 만질 수도 있어.

정말요? 구름을 만진다고요?

음~

헥헥, 아빠. 구름은 언제 만나요?

벌써 만났어.

네?

봐, 사방이 뿌옇잖니.

에이, 아빠. 이건 그냥 안개잖아요.

안개랑 구름은 똑같이 응결 현상으로 만들어진단다. 높은 곳에서 만들어지면 구름, 낮은 곳에 만들어지면 안개가 돼. 이 안개를 구름이라고 생각하려무나.

당했어!

도시락이나 먹자, 인간.

63

**이 어휘를 통해 문해력이 더 깊어질 수 있어요!**

- **송골송골** : 땀이나 소름, 물방울 등이 살갗이나 표면에 작게 많이 돋아나 있는 모양.
- **표면** : 가장 바깥쪽 면.
- **반복** : 같은 일을 되풀이 함.
- **순환** : 돌고 돔.
- **기우제** : 비 오기를 빌던 제사.
  ❶ 수제사라고 부르기도 하지만 기우제만 표준어입니다.
- **가능성** : 앞으로 실현될 수 있는 성질이나 정도.

- **희박하다** : 어떤 일이 이루어질 가능성이 적다.
- **인공** : 사람의 힘으로 무언가를 만들어내거나 자연에 힘을 가함.
- **전전긍긍** : 몹시 두려워서 벌벌 떨며 조심함.
- **안개** : 지표면 가까이에 아주 작은 물방울이 부옇게 떠 있는 현상.
  ❶ 안개 낀 날은 뿌옇게 흐려져 앞이 잘 보이지 않습니다.

근데 잠깐만!
'**전전긍긍**'이라는 말은 무슨 뜻이라고 했더라?

민재에게 이 낱말을 설명해 주세요.

민재야, '**전전긍긍**'은

**진짜 읽기**

글을 잘 읽고 이해했는지 확인해 봅시다.
문제를 풀며 글을 한 번 더 찬찬히 읽어 보세요!

1. 글을 읽고 물의 상태 변화를 생각하며 빈칸에 '증발'과 '응결'을 알맞게 채워 보세요.

물 → → → 수증기　　　수증기 → → → 물
　　　⊙　　　　　　　　　⊙

2. 다음 중 응결 현상을 모두 고르세요.

① 추운 겨울날 버스 유리창에 서린 뿌연 김.

② 하늘로 올라간 수증기가 작은 물방울이 되어 만들어지는 구름.

③ 추운 야외에서 실내로 들어갔을 때 뿌옇게 흐려지는 안경.

④ 강이나 바다의 물이 공기 중 수증기로 변하는 것.

3. 하늘에서 비가 내리는 과정을 순서에 맞게 기호를 적어 봅시다.

㉮ 강이나 바다의 물이 증발하여 수증기가 됩니다.

㉯ 작은 물방울이 모여 구름이 됩니다.

㉰ 하늘로 올라간 수증기는 차가운 기온을 만나 응결됩니다.

㉱ 응결된 수증기는 아주 작은 물방울이 됩니다.

㉲ 구름 속 물방울이 무거워지면 비나 눈이 되어 땅으로 내립니다.

㉮ → 　　 → 　　 → 　　 → ㉲

 **한 줄 글쓰기!**

물, 증발, 응결, 반복이라는 낱말을 모두 사용하여 비가 내리는 과정을 한 문장으로 적어 봅시다.

_____

# 온도와 압력에 따라 기체의 부피가 달라져요

식탁 위의 뜨거운 국그릇이 스스로 움직이는 것을 본 적이 있나요? 아무도 손을 대지 않았는데 스르륵 미끄러지는 것을 보고 신비로운 힘이라고 표현하는 친구도 있습니다. 하지만, 스스로 움직이는 국그릇들은 공통점이 있습니다. 그릇 아래가 오목하게 들어간 그릇들이라는 것이지요. 오목한 부분 안쪽에 눈에 보이지 않는 공기가 존재합니다. 이곳에 모여 있는 기체는 뜨거운 국에 의해 온도가 올라가며 그 부피가 커집니다. 공기의 부피가 커져서 국그릇이 살짝 뜨고 식탁 위에서 스스로 미끄러진 것이지요.

기체의 부피가 변하는 현상은 우리 주변에서도 종종 볼 수 있습니다. 뜨거운 여름날 차 안에 먹다 남은 페트병 음료수를 두고 내리면, 돌아왔을 때 부풀어 오른 페트병을 볼 수 있습니다. 페트병 안의 기체가 데워지면서 그 부피가 커졌기 때문입니다. 반대로 따뜻한 차를 페트병에 반쯤 담아 냉장고에 넣어 두면 페트병이 쪼그라듭니다. 데워졌던 페트병 안의 기체가 다시 차가워지면서 부피가 작아졌기 때문입니다. 하늘을 나는 열기구도 커다란 풍선 속 기체를 가열해 풍선의 부피를 키워서 뜨는 힘(부력)을 발생시킨답니다.

온도가 올라가면 기체의 부피가 커진다는 사실은 포개져서 꽉 낀 그릇을 빼낼 때도 활용할 수 있습니다. 포개진 그릇을 뜨거운 물에 담그면 그릇과 그릇 사이 공기의 부피가 커지면서 안쪽 그릇을 밀어냅니다. 생활 속에서 얼마든지 활용할 수 있는 과학 상식이랍니다.

기체의 부피는 힘에 의해서 변하기도 합니다. 주사기에 물을 채워 넣고 입구를 손가락으로 막은 뒤 피스톤을 앞으로 밀어 보면 움직이지 않습니다. 액체는 힘을 준다고 해서 부피가 변하지 않아요. 하지만 기체는 변합니다. 빈 주사기 입구를 손가락으로 막고 피스톤을 앞으로 밀면 피스톤이 움직입니다. 힘으로 피스톤 안의 기체를 압축시킨 것이지요.

비행기에 개봉하지 않은 과자 봉지를 들고 타면 비행기가 하늘 높이 오를수록 봉지가 부풀어 오르는 것을 볼 수 있어요. 하늘로 높이 올라갈수록 기압이 낮아지기 때문입니다. 기압이 낮다는 것은 공기가 누르는 힘이 약하다는 의미입니다. 기압이 낮아져 과자 봉지를 누르던 공기의 힘이 약해지면서 과자 봉지 안 기체의 부피가 커진 것입니다. 반대로 산 위에서 분 풍선을 산 아래로 가지고 내려오면 풍선의 크기가 작아집니다. 산 아래에서는 공기가 누르는 힘, 기압이 더 커졌기 때문입니다. 이것은 힘에 따라 기체의 부피가 달라지기 때문에 나타나는 현상입니다.

놀이동산에서 구입한 헬륨 풍선을 놓쳐서 풍선이 하늘 높이 날아가 버린 적이 있나요? 날아간 풍선은 어떻게 될까요? 높이 올라갈수록 풍선을 누르는 공기의 힘이 점차 약해지면서 풍선 안쪽 기체의 부피는 점점 커질 겁니다. 더 높이 올라가 더 이상 풍선이 견디지 못할 만큼 기체의 부피가 커지면 풍선이 터진답니다.

만일 아무리 부풀어도 터지지 않는 특별한 풍선을 만들 수 있다면 어떻게 될까요? 최근에는 이 특별한 풍선으로 날씨를 예측합니다. 우리나라 기상청은 풍선을 하늘 높이 띄워 높이에 따른 기온, 습도, 바람 등을 측정해 실시간으로 전송받고 있습니다. 풍선이 직접 하늘을 날아올라 측정하기 때문에 위성과 레이더에서 측정하지 못하는 것까지 적은 비용으로 정확하게 측정할 수 있습니다. 여기에는 우리나라뿐만 아니라 미국, 일본 등 전 세계 180여 개 나라들이 함께하며 자료를 실시간으로 교환합니다. 이 기술의 성공 비결은 높이 올라가도 터지지 않는 풍선의 특수한 소재입니다. 이 비결에 관해서는 각국이 기밀에 부치고 있답니다.

배고파. 씨리얼 먹어야지

엇? 어쩌지? 그릇이 끼었네.

깨 악

잠시 후

어? 두두야. 어떻게 그릇을 뺀 거야?

스르륵

온도가 올라가면 기체의 부피가 커져. 뜨거운 물로 온도를 올려서 그릇 사이의 공기 부피가 커지게 한 거야.

맛있다. 헤헷.

당했다! 설명하는 동안 다 먹었어!

## 이 어휘를 통해 문해력이 더 깊어질 수 있어요!

- **신비롭다** : 사람의 힘이나 지혜가 미치지 못할 정도로 신기하고 묘한 느낌이 있다.
- **오목하게** : 가운데가 동그스름하게 폭 패거나 들어가 있는 상태.
- **포개지다** : 놓인 것 위에 또 놓인 상태로 되다.
- **활용하다** : 충분히 잘 이용하다.
- **상식** : 사람들이 대부분 알고 있거나 알아야 하는 지식.
- **압축** : 물질에 힘을 가하여 부피를 줄임.

- **예측** : 미리 헤아려 짐작함.
  ❗ '예상'과 비슷하지만 근거를 바탕으로 짐작할 때 사용합니다.
- **측정** : 일정한 단위로 크기를 잼.
  ❗ 온도계로 기온을 재는 것도 측정의 한 예입니다.
- **실시간** : 실제 시간과 같은 시간.
  ❗ 본문에서는 자료를 동시에 교환한다고 생각하면 됩니다.
- **전송** : 전할 전(傳), 보낼 송(送). 전하여 보냄.
- **기밀** : 외부에 드러내서는 안 될 중요한 비밀.

근데 잠깐만!
**'측정'**이 무엇인지 물어보면 뭐라고 해야 돼?

민재에게 이 낱말을 설명해 주세요.

민재야, **'측정'**은

1. 글을 읽고 기체의 부피에 대한 설명으로 옳지 않은 것을 고르세요.

   ① 기체에 힘을 가하면 부피가 작아집니다.

   ② 기체는 온도가 올라가면 부피가 작아집니다.

   ③ 기체는 눈에 보이지 않지만 부피를 차지하고 있습니다.

   ④ 빈 주사기 입구를 손가락으로 막고 피스톤을 밀면 피스톤이 움직입니다.


2. 다음 중 힘을 주면 기체의 부피가 작아지는 사례는 무엇인가요?

   ① 식탁 위의 뜨거운 국그릇이 스스로 움직임.

   ② 뜨거운 여름날 차 안에 둔 먹다 남은 음료수 페트병이 부풀어 오름.

   ③ 산 위에서 분 풍선을 산 아래로 가지고 내려오면 풍선의 크기가 작아짐.

   ④ 열기구의 커다란 풍선 속 공기가 데워져서 하늘에 뜰 수 있음.

세 줄
글쓰기
!

아무리 부풀어도 터지지 않는 특별한 풍선을 만든다면, 여러분은 무엇을 하고 싶은가요? 상상해서 짧은 글을 써 봅시다.

나에게 아무리 부풀어도 터지지 않는 특별한 풍선이 있다면,

_____

_____

_____

# 산소와 이산화탄소가
# 자유의 여신상을 변신시켰어요

뉴욕에 있는 자유의 여신상은 무슨 색일까요? 사진이나 그림으로 본 적이 있다면 다들 '청록색'을 외칠 겁니다. 하지만 1883년 프랑스의 건축가 구스타브 에펠과 조각가 오귀스트가 처음 자유의 여신상을 만들어 미국에 보냈을 때, 자유의 여신상은 붉은 금색과 같은 구릿빛이었답니다. 구릿빛 자유의 여신상은 시간이 흐르며 공기 중에 있는 산소와 만나 산화되어 검정 빛깔로 변했어요. 그리고 다시 오랜 시간이 지나 공기 중에 있는 이산화탄소 등 여러 물질과 반응하여 지금과 같은 청록빛 탄산구리가 되었답니다. 우리나라 국회의사당의 청록빛, 옛 서울역 돔형 지붕의 청록빛도 마찬가지로 구릿빛이 산소와 만나 변한 것입니다.

산소와 이산화탄소는 우리 주변에서 다양하게 활용됩니다. 산소는 사람은 물론 여러 생물들이 생존하는 데 반드시 필요한 기체입니다. 들이마신 산소로 에너지를 만들기 때문입니다. 잠깐이라도 숨을 쉬지 않으면 불편함을 느낍니다. 산소가 부족한 고산지역의 숙박업소에서는 산소 부족으로 힘들어하는 여행자들을 위해 휴대용 공기 호흡기를 준비해 두기도 합니다. 또, 스쿠버 다이빙을 하는 사람들이나 숨쉬기 어려운 화재 상황에서 일하는 소방관들도 공기 호흡기를 사용합니다. 이때 사용하는 공기 호흡기는 흔히 산소 호흡기로 부르지만, 실제로는 여러 기체가 혼합된 공기 호흡기입니다.

산소는 불을 피우는 데 꼭 필요한 기체입니다. 케이크의 촛불을 켤 수 있는 것은 공기 중에 산소가 있기 때문입니다. 더 크고 뜨거운 불이 필요할 때는 더 많은 산소를 모아서 사용하기도 합니다. 한 예로, 산소 절단기가 있습니다. 산소 절단기는 산소와 LPG 가스를 반응시켜 두꺼운 철판을 자를 수 있을 만큼 뜨거운 불꽃을 만드는 기계입니다.

공기가 없는 우주에서는 로켓을 발사할 만큼의 폭발을 만들어 내기 어려우니, 폭발에 필요한 산소를 로켓에 함께 싣습니다. 산소를 기체 상태로 싣는 건 아닙니다. 같은 양일 경우, 기체보다 액체로 변화시켰을 때 부피가 작기 때문에 산소를 액체로 만들어 로켓에 싣습니다. 우리나라 로켓 누리호의 발사 장면을 보면 발사 순간 로켓 표면에 흰색 수증기가 맺히면서 표면의 글씨가 보이지 않습니다. 이것은 영하 183도 이하의 액체 산소를 실었기 때문입니다. 영하 183도 이하의 액체 산소는 아주 차갑기 때문에 로켓 겉면에 얼음이 생겨서 로켓 표면의 글씨를 가리게 된 것입니다.

탄산음료를 컵에 따르면 작은 공기 방울을 관찰할 수 있습니다. 탄산음료는 이산화탄소를 아주 강한 힘으로 음료 속에 녹여 만듭니다. 음료를 마시고 톡 쏘는 느낌은 이산화탄소가 만들어 내는 것입니다. 이산화탄소는 불을 끄는 소화기의 재료로도 사용합니다. 불을 피우기 위해서는 꼭 산소가 필요한데, 이산화탄소를 뿌리면 불 주변에 산소가 접근하기 어려워져 불이 꺼진답니다.

여름철 식품을 배송할 때 상하지 않게 함께 넣는 드라이아이스는 고체 형태의 이산화탄소랍니다. 온도가 낮을 때는 고체였다가 따뜻해지면 기체로 변하기 때문에 물이 생기지 않는 'Dry(건조한), Ice(얼음)'라고 생각하면 쉽습니다. 드라이아이스는 공연에서 무대의 신비한 분위기를 만들 때도 쓰입니다. 그릇에 드라이아이스를 담고 물을 넣으면 흰색 연기가 많이 나거든요. 이 흰색 연기를 보고 기체 이산화탄소는 흰색이라고 오해하는 경우도 있지만, 이산화탄소는 눈에 보이지 않는답니다. 드라이아이스에서 나오는 흰 연기는 드라이아이스가 고체에서 기체로 빠르게 변하면서 주변의 수증기를 응결시키며 보이는 현상입니다. 드라이아이스는 아주 차갑기 때문에 맨손으로 만지면 동상을 입을 수 있으니 조심하세요.

- **빛깔 :** 물체가 빛을 받을 때 빛의 파장에 따라 그 거죽에 나타나는 특유한 빛.
- **산화 :** 어떤 물질이 산소와 결합해서 새로운 성질을 갖는 것.
- **마찬가지 :** 사물의 모양이나 일의 형편이 서로 같음.
- **돔형 :** 공 모양을 절반으로 나눈 듯한 형태.

    ❶ 국회의사당의 지붕 모양을 가리킵니다.
- **동상 :** 심한 추위에 노출되어 피부 조직이 얼고 혈액이 공급되지 않는 상태.

**근데 잠깐만!**
탄산음료를 흔들면
왜 흘러넘치는 걸까?

"왜냐하면, 탄산음료를 흔들면서 그 속에 녹아 있던
○○○○○가 튀어나오기 때문이야."

한걸음
더

액체의 표면에서 안쪽으로 끌어당기는 힘(표면장력)이 이산화탄소를 붙들고 있는데, 흔들면 그 힘이 약해지면서 이산화탄소가 튀어나옵니다. 한동안 온라인에서 콜라에 멘토스사탕을 넣으면 폭발하는 영상이 유행했습니다. 멘토스 속에 들어 있는 아라비아검이 콜라의 표면장력을 약하게 만들어 표면장력이 붙들고 있던 이산화탄소가 한꺼번에 튀어나오게 만들기 때문입니다. 또 멘토스 표면의 작은 구멍들이 콜라 속에 녹아 있던 이산화탄소가 다시 기체가 되게끔 돕습니다.

1. 다음 여러 가지 기체를 활용하는 사례를 보고 산소를 활용하는 경우에는 '산', 이산화탄소를 활용하는 경우에는 '이'라고 적어 보세요.

① 불을 피울 때 꼭 필요한 기체.

② 로켓 발사 시 폭발을 돕는 역할.

③ 공기보다 무거워 산소를 막아 불을 끄는 소화기의 재료.

④ 여름철 식품을 배송할 때 상하지 않게 함께 넣는 드라이아이스.

⑤ 두꺼운 철판을 자를 수 있을 만큼 뜨거운 불꽃을 만드는 절단기.

2. 다음은 드라이아이스에 대한 친구들의 대화입니다. 바르게 말한 친구를 모두 고르세요.

① 서하 "드라이아이스에 물을 뿌리면 나오는 흰 연기는 이산화탄소야."

② 호연 "맞아. 그래서 이산화탄소는 흰색이라고 볼 수 있지."

③ 정민 "드라이아이스는 공연에서 무대의 신비한 분위기를 만들 때도 써."

④ 아라 "아주 차갑기 때문에 맨손으로 만지면 동상을 입을 수도 있어."

한 줄
글쓰기
!

자유의 여신상 색깔은 구릿빛에서 검정색으로, 다시 청록색으로 '변화'했습니다. 이처럼 주변에서 '변화'한 것을 찾아 한 줄로 적어 보세요.

_____

# 연금술과 원소의 발견

물, 불, 흙, 공기로 세상의 모든 물질을 만들 수 있다? 이러한 주장을 4원소설이라고 하는데요, 철학자 엠페도클레스부터 시작되어 아리스토텔레스에게로 이어져 발전된 후 2000여 년 동안이나 후대 서양 철학자들이 따르게 됩니다. 이들은 어떻게 물과 불을 섞어서, 또는 흙을 섞어서 다른 물질을 만들 것인지를 고민했습니다. 그 과정에서 사람들은 납과 같은 저렴한 금속으로 금을 만드는 연금술에 도전했습니다. 연금술은 물질을 연구하는 것부터 시작해서 약초학, 고대 언어학, 신비주의 등을 총망라해 아주 오랫동안 많은 사람들의 관심사가 되었습니다.

우리가 아는 과학자 뉴턴도 연금술에 빠졌습니다. 뉴턴은 현자의 돌, 혹은 마법사의 돌이라고 불리는 전설 속 물질을 만들기 위해 4~5시간씩 자며 연구에 심취했습니다. 이전 시대의 연금술 서적들을 해독하며 과거의 실험을 직접 재현했지요. 당시 실험 재료로 수은이 많이 쓰여서 뉴턴이 수은 중독이었다는 주장도 있답니다. 과학자가 신비로운 힘을 연구했다는 사실 때문에 뉴턴이 연금술사였다는 건 오랫동안 비밀에 부쳐졌습니다. 하지만, 연금술과 관련된 뉴턴의 지식은 그가 조폐국장으로 일할 때 위조지폐를 방지하는 기술에도 활용되었습니다.

연금술사들의 다양한 실험은 지금처럼 과학적인 방식이 아니었습니다. 허무맹랑한 구석이 있었지만 그들이 했던 실험 방식, 결과, 그것을 기록했던 기호 등은 현대 화학 연구의 바탕이 되었습니다. 다시 말해 연금술은 물질을 이루는 어떤 성분이 있다고 여기고, 그것을 섞어 새로운 물질을 만들고자 한 시도였지요.

물질을 이루는 기본 성분을 '원소'라고 합니다. 물은 산소와 수소가 합쳐져 만들어진 물질입니다. 여기에서 산소와 수소를 원소라고 합니다. 현대 과학자들이 지금까지 밝혀낸 원소는 모두 118개입니다. 세상의 어떤 물질도 118개의 기본 성분들이 어떻게 합쳐지는가에 따라 만들 수 있는 것이지요. 먼 옛날, 세상이 네 개의 원소로 이루어졌다는 아이디어에서 출발해 118개의 원소를 찾아내게 된 것입니다.

원소에 대한 연구가 거듭되면서 납과 금은 다른 원소여서 납으로 금을 만들려고 했던 중세 연금술사들의 목표는 애초부터 불가능한 것임을 깨닫게 됩니다. 물론, 현대에는 방사선을 이용해 일부 금속으로 금을 만들 수 있긴 합니다. 하지만 그 비용이 많이 들어 값싼 재료로 금을 만들려고 한 연금술의 목적과 맞지 않지요. 연금술사들의 도전은 결국 실패했지만 연금술을 위해 연구한 기록들이 현대 화학 연구의 기초가 되었으니, 도전 자체로도 가치 있는 일이었답니다.

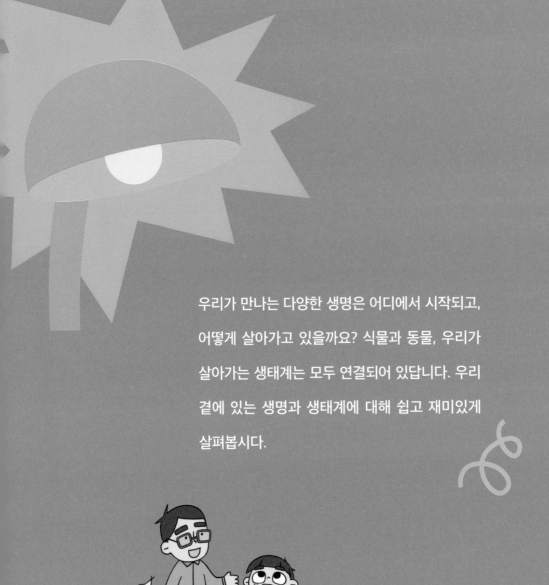

우리가 만나는 다양한 생명은 어디에서 시작되고, 어떻게 살아가고 있을까요? 식물과 동물, 우리가 살아가는 생태계는 모두 연결되어 있답니다. 우리 곁에 있는 생명과 생태계에 대해 쉽고 재미있게 살펴봅시다.

Part 03

# 생명은
# 연결되어
# 있어요

# 씨앗에서 다시 씨앗이 되기까지

최초의 생명은 언제, 어디에서, 어떻게 시작되었을까요? 많은 과학자들은 호주에서 발견된 스트로마톨라이트 남세균 화석을 통해 최초의 생명체가 남세균이었을 거라고 추측합니다. 스트로마톨라이트는 햇빛을 통해 스스로 양분을 만들어 내는 세균으로, 이 세균이 양분을 만들면서 지구에 산소가 많아져 여러 생명이 살 수 있게 된 것이 아닐까 추론한 것입니다. 최초의 생명체로부터 지구의 환경이 변화했고, 변화된 환경에 맞춰 다시 새로운 생명체들이 등장했다고 봅니다. 자손을 만들어 그 수가 많아지고 대를 이어 가면서 생명체가 늘어난 것이지요.

씨앗에서 시작한 식물은 열매를 만들고 또다시 새로운 씨를 맺습니다. 이를 '식물의 한살이'라고 합니다. 강낭콩과 옥수수는 비교적 짧은 기간 안에 싹이 난 뒤 열매를 맺기 때문에 직접 키우며 식물의 한살이를 관찰하기에 좋답니다.

물에 불려 싹이 튼 강낭콩을 흙에 심어 봅시다. 해가 잘 드는 곳에 두고, 겉흙이 말랐을 때 물을 충분히 줍니다. 시간이 지나면 강낭콩의 키가 커지고 잎이 넓적해집니다. 잎의 개수도 점차 많아집니다. 어느 날은 작은 꽃봉오리에서 꽃도 핍니다. 꽃이 진 자리에 꼬투리가 생기고, 꼬투리가 점점 커지며 그 속에 들어 있는 강낭콩도 커져 갑니다. 꼬투리가 다 자라서 옆이 터지면 속에 강낭콩이 여러 개 들어 있는 것을 볼 수 있습니다. 열매를 수확한 뒤 강낭콩은 시들며 일생을 마칩니다. 대부분의 종자식물들이 강낭콩처럼 씨앗에서 싹이 트고, 잎과 줄기가 자라며 열매를 맺어 다시 씨를 만드는 한살이 과정을 밟습니다.

만약 강낭콩을 동굴 안에 심으면 어떻게 될까요? 해가 없는 곳에서는 식물이 자랄 수 없기 때문에 동굴 안에 심은 강낭콩은 자라지 않습니다. 물을 주지 않은 강낭콩에서도 싹이 나지 않습니다. 또, 강낭콩이 자라려면 너무 뜨겁거나 춥지 않은 적당한 온도도 필요합니다.

식물이 자라는 데 필요한 조건을 파악하면 혹독한 환경에서도 물과 빛, 적당한 온도를 맞추어 식물을 키울 수 있습니다. 남극 세종 과학 기지의 식물 공장에서는 식물이 자라는 데 알맞은 환경을 자동으로 맞추어 주는 시스템이 있습니다. 또, 해가 들지 않는 실내에서도 식물을 키울 수 있는 실내 식물 재배기도 있지요.

강낭콩은 한 해 동안 살며 씨앗을 틔우고 열매를 맺은 뒤 씨앗을 남기고 죽습니다. 이런 식물을 '한해살이 식물'이라고 합니다. 옥수수, 상추, 벼 등이 한해살이 식물입니다. 벼는 베어서 수확하고, 모판에 새로운 볍씨를 뿌려 싹이 나면 논에 옮겨 심는 모내기를 합니다. 만일 벼가 여러해살이 식물이었다면 모내기를 굳이 안 했을지도 몰라요. 같은 자리에서 계속 자라니까요.

반면 민들레는 같은 자리에서 여러 해 동안 꽃을 피웁니다. 꽃은 지지만 겨울에도 줄기와 뿌리가 살아남아 새롭게 꽃을 피우고 씨앗을 날리는 과정을 반복합니다. 민들레는 꽃잎 한 장처럼 보이는 것이 꽃 한 송이로, 작은 꽃들이 많이 모여 있는 형태입니다. 민들레와 같이 겨울을 이겨 내고 여러 해 동안 사는 식물을 '여러해살이 식물'이라고 합니다. 감나무, 밤나무 등 나무는 모두 여러 해를 살며 시간이 지날수록 줄기가 크고 굵어집니다. 나무의 성장은 나이테로 확인할 수 있습니다.

세계에서 가장 나이가 많은 나무는 몇 살일까요? 칠레의 알레르체 국립 공원에 있는 므두셀라 나무는 5000년 이상 살아온 것으로 추정됩니다. 미국의 캘리포니아에도 4700년 이상을 살아낸 브리스틀콘 소나무가 있습니다. 오천 년을 살아 냈다니, 정말 놀랍네요.

**3-4달간 강낭콩의 변화**

**4달 후**

## 이 어휘를 통해 문해력이 더 깊어질 수 있어요!

- **생명체 :** 생명이 있는 물체. 살아 있는 물체.

- **발견 :** 미처 찾지 못하거나 아직 알려지지 않은 사물이나 현상, 사실 등을 찾아냄.

- **최초 :** 맨 처음.

- **추론 :** 어떠한 판단을 근거로 다른 판단을 이끌어 냄.

- **불리다 :** 물에 젖게 해서 몸집을 크게 하다.

  ❶ 강낭콩을 심기 전 불리는 이유는 껍질을 부드럽게 해서 싹을 잘 틔우기 위함입니다.

- **꼬투리 :** 쪼개지면서 씨를 내놓는 주머니 모양의 식물 구조.

  ❶ 콩이나 팥 같은 식물에서 볼 수 있습니다.

- **종자식물 :** 씨(종자)를 퍼뜨려 번식하는 식물. 꽃을 피우고 씨앗을 만드는 식물.

  ❶ 꽃을 피우지 않는 대신 홀씨(포자)를 퍼뜨려 번식하는 식물도 있습니다.

- **번식 :** 생물이 새로운 개체를 늘려 가는 것.

- **혹독한 :** 몹시 심한.

- **홀씨 :** 포자.

  ❶ 고사리 잎 뒷면에 줄 맞춰 붙어 있는 갈색 알갱이와 같은 것을 말합니다. 민들레의 홀씨는 사실 진짜 홀씨가 아니라 씨앗이 엉켜 있는 것으로, 민들레는 씨앗으로 번식하는 종자식물입니다.

- **나이테 :** 나무의 줄기나 가지를 가로로 자르면 보이는 둥근 테. 계절의 변화에 따라 생겨서 나이를 짐작할 수 있음.

> 근데 잠깐만!
> **'한해살이 식물'**이 무엇인지 물어보면 뭐라고 해야 돼?

민재에게 이 낱말을 설명해 주세요.

민재야, **'한해살이 식물'**은

글을 잘 읽고 이해했는지 확인해 봅시다.
문제를 풀며 글을 한 번 더 찬찬히 읽어 보세요!

1. 글을 읽고 드러나지 않은 내용을 추측한 친구를 고르세요.

① 가영 "호주의 스트로마톨라이트 남세균 화석이 최초의 생명체 화석이래."

② 민호 "남세균이 양분을 만들어 내며 산소를 많이 발생시켰다니 흥미로워."

③ 주희 "남세균이 나타나기 이전 지구에는 산소가 적었나 봐."

④ 호영 "그래서 변화된 환경에 맞춰 새로운 생명체들이 등장했을 거라고 본대."

2. 강낭콩의 한살이를 알맞은 순서대로 나열해 기호를 적어 봅시다.

㉠ 싹이 튼 강낭콩이 흙에서 자랍니다.

㉡ 작은 꽃봉오리에서 꽃이 핍니다.

㉢ 꼬투리가 자라며 크기가 커집니다.

㉣ 꽃이 진 자리에 꼬투리가 생깁니다.

㉤ 강낭콩의 키가 커지고 잎이 넓적해지며 잎의 개수가 많아집니다.

㉥ 꼬투리가 터지면 속에 있던 강낭콩이 나옵니다.

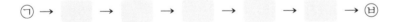

㉠ → ☐ → ☐ → ☐ → ☐ → ☐ → ㉥

3. 다음 중 한해살이 식물이 아닌 것을 고르세요.

① 옥수수        ② 감나무        ③ 상추        ④ 벼

같은 자리에서 겨울을 보내고 새잎을 내는 식물을 여러해살이 식물이라고
합니다. 학교 화단에서 여러해살이 식물을 3가지 이상 찾아 소개해 봅시다.

우리 학교에 있는 여러해살이 식물은

# 다양한 환경에 적응한 식물들

검정말은 이것이지만 미역은 이것이 아닙니다. 나사말은 이것이지만 김은 이것이 아닙니다. 이것은 무엇일까요? 정답은 '식물'입니다. 미역과 김은 식물이 아니라 그보다 단순한 형태의 조류로 분류됩니다. 과학자들은 조류를 식물의 조상으로 추측합니다. 조류가 살던 바다나 호수에서 물이 빠지면서 육지가 되었고, 그중 몇몇의 조류가 살아남습니다. 시간이 흘러 육지 생활에 완전히 적응한 조류가 현재와 같은 식물의 모습이 되었다고 보는 것입니다.

물속에서 쉽게 양분을 얻던 조류와 달리 육지에 사는 식물들은 땅에 뿌리를 내려 몸을 지탱하고, 땅속의 물과 양분을 흡수해야 합니다. 줄기와 잎은 공기 중으로 뻗어 필요한 양분을 만들어 내야 하지요. 그래서 식물은 조류의 단순한 형태가 아니라 뿌리, 줄기, 잎으로 역할이 나뉘고, 몸을 지탱하는 세포벽을 가지고 있답니다.

몇몇 식물들은 물속에서 살기 위해 다시 적응했습니다. 검정말이나 나사말은 물속 땅에 뿌리를 내리고 물에 잠겨 살아갑니다. 잎과 줄기가 물의 흐름에 따라 잘 휘지요. 부레옥잠은 연못에 떠서 사는 식물입니다. 열매처럼 통통한 부레옥잠의 잎자루를 반으로 자르면 스펀지처럼 구멍이 뚫려 있습니다. 부레옥잠은 이 잎자루의 구멍에 공기를 저장하고 있어서 마치 튜브처럼 물에 떠서 살 수 있습니다. 수련이나 연꽃처럼 뿌리는 물속에 있고, 잎과 꽃만 물 위에 떠 있는 식물도 있습니다. 물가의 갈대는 3m가량 될 정도로 키가 크고 줄기가 튼튼합니다. 갈대는 억새와 모습이 비슷하지만 자세히 관찰하면 잎과 꽃의 모양이 다르답니다. 사는 곳이 다르기 때문에 물가에 사는 것은 갈대, 산에 사는 것은 억새로 구분할 수도 있습니다. 이렇게 물이 있는 곳에서 자라는 식물을 '수생 식물'이라고 합니다.

물이 부족한 사막에서도 식물이 삽니다. 사막 식물은 저마다 물을 보존하는 방법을 하나 이상 가지고 있습니다. 선인장은 굵은 줄기에 물을 보관하고, 잎의 모양이 바늘처럼 가늘어 저장해 둔 물이 쉽게 날아가지 않도록 합니다. 잎이 크고 넓어 공기와 닿는 부분이 많을수록 잎의 수분이 잘 날아가기 때문입니다. 또, 뿌리를 옆으로 길게 뻗어 비가 내리면 빗물이 땅에 흡수되기 전에 빠르게 물을 흡수합니다. 다육 식물은 두꺼운 잎에 물을 저장하여 오랫동안 비가 내리지 않는 환경에서도 살아갈 수 있습니다.

바닷가나 소금기가 있는 호수에서 살아 내는 식물도 있습니다. 소금기는 식물에게 독성 물질입니다. 그래서 소금기가 많은 환경에서 물만 흡수하는 방법을 찾거나, 잎으로 소금기를 배출합니다. 염분(소금) 호수 주변에 사는 맹그로브 잎에서는 배출된 하얀 소금을 볼 수 있습니다.

제주도 한라산을 오르면 산의 높이에 따라 식물의 모습이 달라집니다. 산이 높아질수록 온도가 내려가고 바람이 강하기 때문에 키가 큰 식물은 부러지기 쉽습니다. 그래서 높은 산에서 자라는 고산 식물들은 키가 작은 경우가 많답니다. 재미있게도 고산 지대에서 자라는 풀을 들에 옮겨 심으면 산에서보다 키가 더 크게 자란다고 해요.

식물들은 사는 환경에 적응하고 있습니다. 위에 새로 난 잎이 아래에 먼저 난 잎을 가리지 않게 돌려나기도 하고, 해가 잘 드는 방향으로 잎이 자라기도 합니다. 실내에서 키우는 식물은 해를 바라보는 방향으로 잎이 납니다. 식물의 잎도 빛을 잘 받기 위해 적응하는 것이지요. 그러니 주기적으로 식물의 위치를 바꿔 골고루 빛이 들도록 합니다.

가을 산

두두야.
저건 갈대야

아니야, 억새야

으잉? 갈대라니까?

저건 억새야.

강 주변

어? 억새다!

그런가?

저건 갈대야

네? 엄청 비슷하게
생겼는데, 아빠는 어떻게
구분해요?

자세히 관찰하면 잎과 꽃의 모양이 달라. 사는
곳을 보면 더 쉽게 구분할 수 있지. 억새는
산에서, 갈대는 물가에서 자란단다.

## 이 어휘를 통해 문해력이 더 깊어질 수 있어요!

- **적응** : 생물이 주위 환경에 맞도록 모습이나 구조가 변화함.

- **육지** : 땅. 강이나 바다와 같이 물이 있는 곳을 뺀 나머지 지구의 겉면.

- **뿌리** : 식물의 밑동. 보통 땅속에 묻혀 물과 양분을 빨아올리는 기관. 줄기를 지탱함.

- **지탱하다** : 오래 버티면서 받치다. 지지하다.

- **세포** : 생물체를 이루는 가장 기본 단위.

- **세포벽** : 식물 세포의 바깥쪽에 있는 벽으로 세포를 보호하고 모양을 유지함.

- **잎자루** : 잎과 줄기를 연결하는 부분. ❶ 부레옥잠의 잎자루는 열매처럼 통통합니다.

- **배출** : 밀칠 배(排), 나갈 출(出) . 안에서 밖으로 밀어서 내보냄.

- **주기적으로** : 일정한 간격을 두고 되풀이하는 것.

- **고산 지대** : 높은 산 위 구역. 보통 해발 2500미터 이상을 말함.

- **고산 식물** : 높은 산에서 사는 식물.

근데 잠깐만!
**'적응'**이 무슨 뜻인지
물어보면 뭐라고 해야 돼?

민재에게 이 낱말을 설명해 주세요.

민재야, **'적응'**은

진짜 읽기

글을 잘 읽고 이해했는지 확인해 봅시다.
문제를 풀며 글을 한 번 더 찬찬히 읽어 보세요!

1. 글을 읽고 식물에 대해 옳지 않은 내용을 고르세요.

　① 미역, 김은 식물입니다.

　② 식물은 뿌리로 몸을 지탱하고 물과 양분을 흡수합니다.

　③ 식물은 잎을 공기 중으로 뻗어 필요한 양분을 만들어 냅니다.

　④ 조류는 식물보다 단순한 형태로 식물의 조상으로 추측됩니다.

2. 식물의 적응에 대한 설명으로 옳지 않은 것을 고르세요.

　① 물속에 사는 식물은 모두 조류입니다.

　② 부레옥잠은 속이 비어 공기를 저장할 수 있는 잎자루 덕에 물에 뜹니다.

　③ 소금 호수 주변 식물은 소금기를 배출하거나 소금을 뺀 물만 흡수할 줄 압니다.

　④ 물이 부족한 곳에 사는 식물은 물을 보존하는 방법을 갖고 있습니다.

세 줄
글쓰기
!

식물은 환경에 적응하기 위한 자신만의 비법이 있답니다. 내가 새로운 반에 잘 적응하기 위해 노력했던 나만의 비법이 있다면 짧게 소개해 주세요.

나는 새로운 반에 적응하기 위해

# 버섯은 식물이 아니라고요?

생물을 어떻게 분류할까요? 고대에도 비슷한 특징을 가진 여러 생물을 묶어 불렀지만, 현대와 같이 체계적으로 분류하기 시작한 이는 18세기 초반 과학자 린네입니다. 과학자 린네는 생물을 크게 식물과 동물로 구분하고 그 아래에서 같은 특징을 가진 동물끼리 묶어 이름을 붙였습니다. 린네는 움직일 수 있는 생물은 동물로, 움직이지 않는 생물은 식물로 구분했습니다.

이후 현미경이 발달하여 작은 물체를 크게 볼 수 있게 되었습니다. 현미경으로 여러 생물을 관찰하다가 식물도 동물도 아닌 '미생물'을 발견했습니다. 아메바와 짚신벌레 같은 미생물은 맨눈으로는 보기 힘들 정도로 작고 단순한 구조를 지녔습니다. 짚신벌레는 동물처럼 스스로 움직일 수는 있지만 동물이 가진 다리나 눈, 코와 같은 부분이 없었지요. 이런 미생물을 식물도 아니고 동물도 아닌 '원생생물'이라고 분류했습니다.

시간이 지나 현미경의 성능이 더욱 좋아졌습니다. 과학자들은 현미경으로 세포 하나로만 이루어져 있고, 핵막이 없어 세포의 모양이 식물이나 동물, 원생생물과는 다른 '세균'을 발견합니다. 이들을 '원핵생물'이라 부르기로 했습니다. 원핵생물인 세균은 우리 몸의 안과 밖, 공책이나 책상 주변, 음식, 물, 흙, 공기 등 어디에나 머물 수 있습니다. 특히 더러운 장소에는 더러운 것을 좋아하는 세균이 더 많아집니다.

세균은 사람들에게 질병을 일으킨다고 알려져 있습니다. 충치균이 활동하여 이에 충치가 생기고, 병원성 대장균은 배탈을 일으키지요. 하지만 질병으로부터 우리를 지켜 주는 세균도 있습니다. 김치, 요거트 등에 많이 들어 있는 유산균은 해로운 세균을 물리치고 우리 몸을 보호합니다. 청국장을 만들 때도 세균을 이용한답니다.

1969년 과학자 휘태커는 버섯과 곰팡이를 식물이 아니라 '균류'로 분류해야 한다고 제안하였습니다. 식빵에 물을 뿌려 해가 들지 않는 실내에 두면 식빵 위에 푸른색 곰팡이가 생깁니다. 곰팡이를 현미경으로 들여다보면 가느다란 실 위에 작은 알갱이가 하나씩 붙어 있습니다. 버섯은 나무에 붙어 자라며 기둥처럼 생긴 자루와 우산처럼 생긴 갓을 가지고 있습니다. 또, 버섯의 자루 아래 실처럼 생긴 균사가 나무에 뻗어 양분을 얻지요. 버섯이나 곰팡이는 식물처럼 스스로 양분을 만들어 내지 못하고, 죽은 생물이나 다른 생물에서 양분을 얻으며 살아갑니다. 식물과 양분을 얻는 방식이 다르기 때문에 균류로 따로 분류하는 것입니다.

버섯과 곰팡이는 같은 균류입니다. 그런데 우리는 곰팡이가 핀 식빵은 상한 것으로 보고 먹지 않습니다. 그래서 어떤 친구들은 버섯도 균류이니 곰팡이처럼 해로운 것이 아니냐며 버섯을 먹는 것이 이상하다고도 합니다. 하지만 우리가 아플 때 먹는 항생제 페니실린은 푸른곰팡이에서 추출한 원료로 만들었답니다. 버섯은 이롭고 곰팡이는 해로운 것이 아니라 버섯 중에서도 독성이 있는 버섯이 있을 수 있고, 곰팡이 중에서도 우리에게 이롭게 활용할 수 있는 물질이 있는 것이지요. 물론, 독성이 있기 때문에 푸른곰팡이를 바로 먹을 수는 없습니다.

생물을 분류하는 가장 큰 이유는 무엇일까요? 그 생물을 제대로 이해하기 위해서입니다. 생물의 특징에 따라 분류하면서 서로 특징이 닮은 생물을 찾기도 하고, 닮아 보여도 완전히 다를 수 있다는 것을 이해하게 되거든요. 많은 과학자들이 생물의 특성이나 생명 현상을 연구하고 있습니다. 앞으로도 새로운 생물을 발견하거나 몰랐던 특징을 알게 되면, 생물의 분류 방법 또한 달라질 수 있답니다.

식물

동물

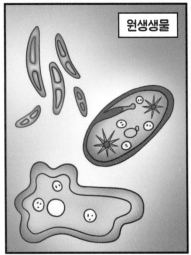

원생생물

균류

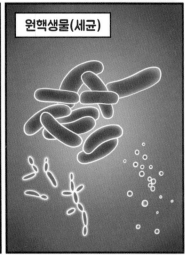

원핵생물(세균)

이렇게 생물은
다섯 가지 종으로 나뉜단다.

동물, 식물이 아닌 게
이렇게나 많다니 신기해요.

나도 다른 종이다.
난 외계종!

하하, 그렇겠구나.
생물종은 앞으로 더
달라질 수 있어.

- **체계적으로 :** 일정한 원리에 따라 짜임새 있게 조직하여 전체를 이루는.

- **현미경 :** 눈으로는 볼 수 없을 만큼 작은 물체나 물질을 확대해서 보는 기구.

- **미생물 :** 미(微:작을 미)생물. 눈으로는 볼 수 없는 아주 작은 생물.

- **핵막 :** 세포의 핵을 둘러싸고 있는 막.

- **유산균 :** 해로운 세균을 막을 수 있는 젖산(유산)을 만드는 균.

- **제안하다 :** 방안이나 의견을 내놓다.

- **항생제 :** 다른 세균을 막거나 방해하는 약.
  ❶ 보통 질병을 일으키는 세균을 막는 데 쓰입니다.

- **추출 :** 뽑아냄.
  ㉋ 푸른곰팡이에서 페니실린의 원료가 되는 성분을 추출하다.

- **원료 :** 물건을 만드는데 들어가는 재료.

- **해롭다 :** 손해가 된다.
  ❶ 반대말 : 이롭다. 이익이 있다.

**민재, 두두야!**
세균과 바이러스는 다르단다!

세균은 생물 중 하나로 세포 하나로만 이루어져 있어요. 반면 바이러스는 생물과 무(無)생물의 특성을 모두 가지고 있습니다. 바이러스는 스스로 생명 활동을 할 수 없는 무생물이었다가, 다른 생물과 접촉하면 그때부터 살아 움직이며 활동을 한답니다. 세균은 스스로 자랄 수 있지만, 바이러스는 다른 세포 안에서만 살아갈 수 있지요. 바이러스는 세균보다 크기도 수백 배 이상 작아요.

글을 잘 읽고 이해했는지 확인해 봅시다.
문제를 풀며 글을 한 번 더 찬찬히 읽어 보세요!

1. 글을 읽고 생물의 분류에 대해 옳지 않은 내용을 고르세요.

    ① 세균은 작고 단순한 구조를 가진 원생생물입니다.

    ② 생물을 분류하는 이유는 생물을 제대로 이해하기 위해서입니다.

    ③ 생물을 분류하는 기준은 기술의 발달에 따라 달라졌습니다.

    ④ 18세기 초 과학자 린네는 생물을 동물과 식물로 구분했습니다.

2. 다음을 동물, 식물, 원생생물, 세균, 균류로 분류해 네모 안에 알맞게 넣어 봅시다.

개, 곰팡이, 대장균, 강낭콩, 짚신벌레, 버섯, 물고기, 유산균, 민들레, 아메바

| 동물 | 식물 | 원생생물 | 세균 | 균류 |
| --- | --- | --- | --- | --- |
|  |  |  |  |  |
|  |  |  |  |  |

3. 생물의 분류 중 '세균'에 대한 설명으로 올바른 것을 고르세요.

    ① 곰팡이와 버섯과 같은 균류는 세균입니다.

    ② 우리 몸에 이로운 유산균은 세균이 아닙니다.

    ③ 세균은 더러운 곳을 좋아해 깨끗한 곳에는 없습니다.

    ④ 대장균이 배탈을 일으킬 수 있어 손을 깨끗이 씻어야 합니다.

한 줄 글쓰기 !

유산균이 든 김치나 요거트를 잘 먹어야 하는 이유를 한 줄로 적어 보세요.

_____

# 다양한 동물의 한살이 모습을 살펴봅시다

　동물이 태어나서 죽기까지의 전 과정을 '한살이'라고 합니다. 한살이 과정 동안 동물은 성장하고, 알이나 새끼를 낳습니다. 수명이 긴 동물은 한살이의 과정이 길고, 수명이 짧은 동물은 한살이의 과정이 짧습니다. 가장 수명이 짧은 동물은 무엇일까요? 하루만 산다고 알려져 있는 하루살이는 애벌레로 물속에서 1~3년을 살다가 우리가 알고 있는 모습의 성충 하루살이가 됩니다. 성충 하루살이는 입이 없어 먹이를 먹을 수 없기 때문에 2~3일 만에 죽게 되지요. 여름마다 힘차게 우는 매미는 땅속에서 3~7년을 살다가 밖으로 나와 한 달을 살고 죽습니다. 그 한 달 동안 짝짓기를 하고 알을 낳는답니다.

　배추흰나비는 3주~1달 정도면 알에서 다 자란 성충이 됩니다. 배추흰나비의 알은 노란 옥수수 모양으로 아주 작습니다. 알의 색이 연해지며 안쪽에 애벌레의 움직임이 보이기 시작합니다. 애벌레가 깨어나 알껍데기를 갉아먹는 데까지 걸리는 시간은 일주일이 채 되지 않습니다. 애벌레는 15~20일 동안 먹이를 먹으며 점점 초록색으로 변하고, 허물을 네 번 벗으며 손가락 한두 마디 크기로 자랍니다.

　애벌레는 입에서 실을 뽑아 몸을 묶고 번데기가 될 준비를 합니다. 몸을 묶은 애벌레는 껍질이 서서히 갈라지며 허물을 벗고, 애벌레와는 다른 번데기 모습이 됩니다. 번데기는 낙엽과 같은 색을 띠며 움직이지 않습니다. 시간이 흘러 번데기 속에서 어른 벌레의 모습이 보이기 시작합니다. 그러다 번데기 등쪽이 터지면서 머리, 몸, 날개가 순서대로 나옵니다. 젖었던 날개가 완전히 마르면 하늘을 날며 짝짓기를 하고 1~2주 안에 다시 알을 낳고 죽습니다.

배추흰나비처럼 번데기 과정을 거치며 이전과 완전히 다른 모습으로 크는 것을 '완전탈바꿈'이라고 합니다. 애벌레의 모습과 다 자란 배추흰나비의 모습이 전혀 다릅니다. 반면 매미와 잠자리는 허물을 벗으며 성장하지만 번데기 과정이 없고 알에서 깨어난 직후의 모습과 성충 매미의 모습이 비슷합니다. 이를 '불완전탈바꿈'이라 합니다.

배추흰나비 말고도 알을 낳는 동물들이 많습니다. 강에서 태어나 바다에서 자라는 연어는 알을 낳을 때가 되면 자신이 태어난 강으로 헤엄쳐 돌아옵니다. 개구리는 물에 100개 이상의 알을 낳습니다. 거북은 육지에 올라와 알을 낳습니다. 알을 낳아 자손을 남기는 방법을 '알 란(卵), 날 생(生)' 자를 써서 '난생'이라 합니다. 난생이어도 알을 낳는 장소나 모습, 그 개수는 동물마다 모두 다릅니다. 알에서 깨어난 새끼는 자라면서 다 자란 동물을 닮아 갑니다. 다 자란 동물들은 짝짓기를 통해 다시 알을 낳아 새로운 한살이가 시작된답니다.

알이 아닌 새끼를 낳는 동물도 있습니다. 새끼를 낳아 자손을 남기는 방법을 '아이를 밸 태(胎), 날 생(生)'자를 써서 '태생'이라고 합니다. 개나 고양이는 한 번의 임신으로 새끼를 여러 마리 낳습니다. 반면 코끼리는 한 번 새끼를 낳을 때 한 마리만 낳습니다. 새끼 코끼리는 어미젖을 먹다가 점차 코로 풀이나 나뭇잎을 먹으며 자랍니다.

상어와 돌고래는 모두 바다에서 살고 몸집이 큽니다. 하지만, 상어는 알을 낳고 돌고래는 새끼를 낳는다는 큰 차이점이 있습니다. 갓 태어난 새끼 돌고래는 어미의 보호를 받으며 어미젖을 먹다가 점차 어미 먹이와 비슷한 먹이를 먹으며 자랍니다.

동물의 한살이 모습은 동물마다 모두 다릅니다. 책이나 영상에서 보았던 낯선 동물을 하나 선택해 그들의 한살이를 조사해 보세요. 그들의 한살이를 들여다볼수록 낯선 동물들이 어느새 친숙하게 느껴지게 됩니다.

매미 잡았다!
곤충 채집통에 넣어야지.

매미는 땅속에서 3-7년을 살고 세상 밖으로 나와
한 달 동안 살고 죽습니다.

어? 티비에서 매미
다큐 프로그램이 하네?

왔니

한달 동안만
산다고?

미안해. 매미야.
네가 몇 년만에 나와서 딱 한 달만
사는 줄 몰랐어. 얼른 나와.

생물마다 수명이 다 달라.

## 이 어휘를 통해 문해력이 더 깊어질 수 있어요!

- **수명** : 생물이 살아 있는 기간.
- **애벌레** : 아직 다 자라지 않은 벌레.
- **성충** : 어른벌레. 짝짓기가 가능함.
- **번데기** : 애벌레가 성충이 되는 과정에서 아무것도 먹지 않고 갈색 고치에 들어간 몸.
- **허물** : 파충류나 곤충이 자라면서 벗는 껍질.
- **탈바꿈** : 원래의 모양이나 형태를 바꿈. 애벌레가 성충으로 변하듯 모습이 크게 달라짐.
- **자손** : 자식과 손자를 아우르는 말. 후손이라고도 함.
- **일생** : 세상에 태어나서 죽을 때까지의 기간. 한살이.
- **현재** : 지금의 시간, 지금.

근데 잠깐만!
'동물의 한살이'가 무엇인지
물어보면 뭐라고 해야 돼?

민재에게 이 낱말을 설명해 주세요.

민재야, **'동물의 한살이'**는

글을 잘 읽고 이해했는지 확인해 봅시다.
문제를 풀며 글을 한 번 더 찬찬히 읽어 보세요!

1. 배추흰나비가 성충이 되기까지의 과정을 시간 순서에 따라 기호로 써 보세요.

   ㉠ 배추흰나비는 노란 옥수수 모양으로 아주 작은 알을 낳습니다.

   ㉡ 애벌레는 15~20일 동안 초록색으로 변하며 허물을 네 번 벗습니다.

   ㉢ 몸을 묶은 애벌레는 껍질이 갈라지며 허물을 벗고 번데기 모습이 됩니다.

   ㉣ 알의 색이 연해지며 안쪽에 애벌레의 움직임이 보입니다.

   ㉤ 번데기 등쪽이 터지면서 머리, 몸, 날개가 순서대로 나옵니다.

   ㉥ 젖은 날개가 완전히 마르면 하늘을 날아다니는 성충이 됩니다.

   ㉠ →        →        →        →        → ㉥

2. 글을 읽고 자손을 남기는 방식에 대한 설명으로 옳은 것을 모두 고르세요.

   ① 알을 낳아 자손을 남기는 방식을 난생이라고 합니다.

   ② 알을 낳는 장소나 모습, 알의 개수는 대부분 비슷합니다.

   ③ 알에서 깨어난 새끼는 자라면서 다 자란 동물을 닮아 갑니다.

   ④ 상어와 돌고래는 모두 바다에서 살고 몸집이 크며 알을 낳습니다.

세 줄 글쓰기!

만약 여러분이 배추흰나비라면 알, 애벌레, 번데기, 성충 중 어느 단계에 있다고 생각하나요? 그 이유는 무엇인지 짧은 글짓기를 해 봅시다.

내가 만약 배추흰나비라면 나는 (      )단계일 거야. 그 이유는

_____

_____

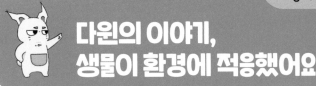

배경지식을 쌓는 과학 이야기 ⑪

# 다윈의 이야기, 생물이 환경에 적응했어요

살아 있는 생물은 모두 몇 종일까요? 아주 오랫동안 전 세계의 과학자들은 발견된 생물 전체의 목록을 작성하고자 노력해 왔습니다. 세계 유명 과학연구기관이 집필한 생물대백과사전(Eol)에는 1000만종의 동물, 40만종의 식물, 30만종 이상의 균류 등이 기록되어 있습니다. 하지만, 지금도 이름을 붙이지 않은 생명체가 꾸준히 발견되고 있답니다.

생물의 생김새는 무엇과 관련이 있을까요? 영국의 생물학자 찰스 다윈은 1831년부터 5년 동안 항해를 하며 세계 곳곳에서 다양한 지리, 생물 자료를 수집했습니다. 그리고 한 가지 재밌는 질문을 던졌어요.

'갈라파고스 제도에 사는 핀치 새들은 왜 섬마다 부리의 모양이 다르지?'

찰스 다윈이 관찰한 바로는 비슷한 핀치 새일지라도 먹이에 따라 부리의 모양이 달랐습니다. 견과류를 부숴 먹는 핀치 새는 두꺼운 부리를, 나무 속 곤충을 꺼내 먹는 핀치 새는 길고 뾰족한 부리를 가졌어요. 찰스 다윈은 '어쩌면 핀치 새의 조상들이 이곳 갈라파고스 제도에 적응하면서 변화한 핀치 새가 살아남은 것이 아닐까?'라는 가설을 떠올렸습니다. 이후 그의 책『종의 기원』에서 생물이 오랜 시간에 걸쳐 환경에 가장 잘 적응한 개체만 살아남으면서 진화했다는 '자연 선택설'을 주장했답니다.

생물이 특정한 서식지에서 살아가기 위한 특징을 갖는 것을 '적응'이라고 합니다. 뜨거운 사막에 사는 사막여우는 귀가 커서 열을 내보내기에 유리합니다. 하지만 추운 북극에 사는 북극여우는 귀가 작고 털이 풍성해서 열을 보존하기에 유리하지요. 찰스 다윈의 자연선택설에 따르면 여우 중에서 뜨거운 사막과 추운 북극에 적응해낸 여우

100

들이 각각 살아남은 겁니다. 새들도 마찬가지입니다. 흰꼬리수리는 날카롭게 휜 부리로 고기를 찢어 먹을 수 있습니다. 두루미는 물속에 있는 물고기를 잡아먹기에 유리한 긴 부리를 가지고 있지요. 참새는 곡식이나 작은 애벌레를 집을 수 있는 짧고 튼튼한 부리를 가지고 있답니다. 사는 환경에서 먹이를 먹기 쉬운 부리를 가진 새들이 살아남으면서 점차 부리의 모습이 진화한 것이지요.

한 걸음 더 생각해 봅시다. 기린은 높은 나무에 있는 먹이를 먹기 위해 목이 길어졌다고 알려져 있습니다. 그럼 높은 곳에 있는 먹이를 먹기 위해 목이 점점 길어진 것일까요, 아니면 우연히 태어난 목이 긴 기린이 더 잘 살아남은 것일까요? 진화론이 처음 나왔을 때 사람들은 잘 쓰는 근육이 더 발달하고, 안 쓰는 근육은 발달하지 않는 것처럼 목을 자꾸 늘리다 보니 기린의 목이 길어졌다고 해석했습니다. 하지만 부모가 운동을 열심히 해서 만든 근육이 아이에게 유전되지 않는 것처럼, 늘어난 기린의 목이 유전되지는 않습니다. 때문에 찰스 다윈의 자연선택설에서는 목이 긴 기린이 우연히 태어났고, 높은 곳에 있는 먹이를 먹기 편해 목이 긴 기린이 가장 오래 살아남다 보니 목이 긴 기린만 남았다고 보는 것입니다. 설명이 더 타당해졌지요?

기린의 목에 대한 최근 연구를 보면 목이 긴 기린이 수컷끼리의 싸움에서 더 잘 싸워 짝짓기 경쟁에서 살아남았다고 합니다. 단지 먹이 때문만이 아니라 마음에 드는 암컷을 만나기 위한 싸움에서 목이 긴 기린이 많이 살아남았다는 것이지요. 새로운 화석이 발견되면서 기린의 목이 길어진 이유를 새롭게 설명하고 있습니다.

과학 지식은 새로운 근거가 쌓이면 이전까지 믿었던 지식이 변하기도 합니다. 그러니 과학 지식을 그대로 외우기보다는 과학적 추론의 과정을 따라가며 생각하는 방식을 공부하는 것이 중요하답니다.

이렇게 해서 기린은 오늘날의 모습으로 진화했습니다.

진화가 뭐예요?

진화는 생물이 태초에 생겨나서 지금까지 변화한 현상을 말해.

찰스 다윈은 섬마다 자연환경이 다른 갈라파고스 제도에 가게 되었어. 다윈은 갈라파고스의 섬들에 사는 핀치 새들의 부리가 섬마다 다르게 생겼다는 걸 발견했어.

곤충 나무 위

과일 & 꽃

나무 안

선인장

다윈의 핀치새

씨앗

핀치 새들은 그 섬에서 주로 어떤 먹이를 먹는지에 따라 부리 모양이 달랐어. 예를 들면 곤충을 잡아먹는 핀치 새는 부리가 뾰족했고, 견과류를 먹는 핀치 새는 부리가 크고 두꺼웠어.

그럼 핀치 새의 부리가 변한 거예요? 먹이를 잡아먹기 편하게?

핀치 새의 부리가 변화한 게 아니라 그런 부리를 가진 핀치 새들이 더 잘 먹이를 구해서 오늘날까지 살아남게 된 거야. 마치 자연환경이 그런 부리를 가진 핀치 새를 선택한 것처럼 말이야. 이런 주장을 '자연 선택설'이라고 말해.

꼬르륵

다윈은 갈라파고스 섬들을 다녀오고 난 후 진화에 대해 꾸준히 연구하면서 그 유명한 책 『종의 기원』을 썼단다.

갈라파고스 섬들에 가 보고 싶다!

종의기원

오호!

## 이 어휘를 통해 문해력이 더 깊어질 수 있어요!

- **질문 :** 알고자 하는 것을 얻기 위해 물음.
- **가설 :** 미리 예상한 과학적 이론이나 결과.
- **보존 :** 잘 보호하고 관리하여 남김.
- **진화 :** 생물이 환경에 적응하면서 점차 변화해 감.
- **타당하다 :** 옳다. 일의 논리가 맞다.
- **짝짓기 경쟁 :** 원하는 짝을 만나기 위한 다툼.
- **과학적 추론 :** 과학적 근거를 바탕으로 미루어 생각함.

근데 잠깐만!
**'다윈의 자연 선택설'**이 무엇인지
물어보면 뭐라고 해야 돼?

민재에게 이 낱말을 설명해 주세요.

민재야, **'다윈의 자연 선택설'**은

글을 잘 읽고 이해했는지 확인해 봅시다.
문제를 풀며 글을 한 번 더 찬찬히 읽어 보세요!

1. 찰스 다윈의 자연 선택설에 대해 옳지 않은 것을 고르세요.

   ① 다윈은 갈라파고스 제도의 섬마다 다른 모습의 핀치 새를 발견했습니다.

   ② 다윈은 생물이 환경에 적응하며 진화했다는 '자연 선택설'을 주장했습니다.

   ③ 북극여우는 처음 태어났을 때는 귀가 컸다가 추위를 견디려고 작아졌습니다.

   ④ 다윈에 의하면 추위를 견디기 위해 귀가 작은 북극여우만 살아남았습니다.

2. 사막여우와 북극여우의 생김새가 다른 것처럼, 생물이 특정한 서식지에서 살아가기 위한 특징을 갖게 되는 것을 무엇이라고 하나요?

                                                         답

3. 과학적 지식의 특징을 잘못 파악한 학생은 누구인가요?

   상빈  예전에는 기린의 목이 긴 이유를 높은 곳에 있는 먹이를 먹기 위해서라고 보았어.
   아현  최근 발견된 화석을 보면 목이 긴 기린이 싸움을 잘해서 살아남았다고 보기도 해.
   준호  한번 밝혀진 과학적 사실은 변하지 않기 때문에 잘 외워 두는 것이 좋아.

                                                         답

한 줄 글쓰기!

미래에 사람들은 어떤 모습으로 진화할까요? 미래 사회에서 살아가기 위해서는 어떤 특징이 필요할지, 왜 그렇게 생각했는지 적어 봅시다.

_____

# 생태계 안에서 우리는 서로 연결되어 있어요

우리가 겪은 일을 그림으로 그릴 때 어떻게 그리나요? 어떤 친구들은 사람이든 동물이든 주인공을 그리고 주변의 모습을 덧붙입니다. 다른 친구들은 땅이나 햇빛 등 풍경을 먼저 그리고, 사람이나 동물, 식물을 그리기도 하지요. 우리가 살고 있는 세상은 살아 움직이는 생물뿐만 아니라, 생물을 둘러싼 주변 환경이 함께 어우러지고 있거든요.

생물 요소에는 어떤 것들이 있나요? 친숙한 식물과 동물뿐만 아니라 버섯이나 곰팡이와 같은 균류, 현미경으로 봐야만 보이는 작은 원생생물, 그보다 더 작은 세균들도 있습니다. 하지만 살아 있는 것 이외에도 생물 요소에 영향을 미치는 것들이 분명 있습니다. 식물이 양분을 흡수할 수 있게 도와주는 햇빛, 눈에 보이지 않지만 우리 주변을 둘러싼 공기, 식물이 자라나거나 동물이 딛고 서는 흙, 살아가기에 적당한 온도 등을 생물이 아닌 요소인 '비(非: 아닐 비)생물 요소'라고 합니다. 우리가 살고 있는 이 세상은 생물 요소와 비생물 요소가 서로 영향을 주고받는 생태계입니다.

생태계 안에서 무슨 일이 벌어지는지 들여다보겠습니다. 메뚜기는 풀잎을 먹습니다. 먹이를 찾던 개구리가 메뚜기를 먹고, 개구리는 하늘에서 사냥감을 찾는 매에게 잡아먹힙니다. 이렇게 생물들끼리 먹고 먹히는 관계를 '먹이 사슬'이라고 합니다. 생태계 안에서 먹이 사슬은 하나가 아닙니다. 풀을 먹는 토끼는 호랑이뿐만 아니라 매나 뱀에게 잡아먹힐 수도 있습니다. 들쥐는 메뚜기도 먹지만 풀도 먹습니다. 그래서 생태계 안의 먹이 사슬은 하나씩 따로 있는 것이 아니라, 그물처럼 서로 엮여 있습니다. 생태계 안의 먹이 사슬이 그물처럼 연결되어 있는 것을 '먹이 그물'이라고 하지요.

만약 토끼와 관련된 먹이 사슬이 하나라면, 토끼가 모두 사라졌을 때 토끼를 먹고 살던 동물들도 먹이가 없어 함께 사라질 것입니다. 하지만 먹이 그물 덕분에 토끼가 모두 사라져도 호랑이나 매, 뱀은 토끼가 아닌 다른 작은 동물을 잡아먹고 살아갈 수 있습니다. 토끼가 좋아하는 여러 종류의 풀 중 하나가 병충해로 모두 죽는다면, 토끼는 다른 풀을 먹고 살아가면 됩니다. 생태계가 먹이 그물로 촘촘하게 연결되어 있기 때문에, 하나의 종류가 사라져도 대신할 수 있는 것을 찾으면서 생태계가 회복됩니다.

생태계 안에는 다른 생물을 먹지 않고 스스로 양분을 만들어 '생산자'라고 불리는 생물도 있습니다. 식물이나 조류는 햇빛을 이용해 양분을 만들어 낼 수 있습니다. 이 생산자들이 만든 영양분을 토끼나 메뚜기, 참새 등 동물이 먹습니다. 이렇게 다른 생물을 먹어 양분을 얻는 생물을 '소비자'라고 합니다. 죽은 생물들은 어디로 갈까요? 오랜 시간이 지나면 썩어 다시 흙이 되거나 공기 중으로 흩어집니다. 세균이나 균류는 생물이 썩을 수 있도록 도와줍니다. 그래서 이들을 '분해자'라고 부르지요.

생산자가 햇빛과 공기를 이용해 양분을 만들고, 소비자가 먹고 살아가며, 이들이 죽은 후에는 분해자가 다시 흙이나 공기 등으로 보냅니다. 처음에 생태계를 생물 요소와 비생물 요소가 서로 영향을 주고받는 세계라고 이야기했는데요, 정말 그렇습니다. 생태계 안의 모든 요소가 서로 순환하면서 살아가고 있는 셈입니다.

생태계가 균형을 이루는 것을 '생태계 평형'이라고 합니다. 하지만 지진이나 홍수 등 자연재해, 댐이나 터널 건설과 같은 자연 개발로 생태계 평형이 깨지기도 합니다. 한번 무너진 생태계는 회복하는 데 오래 걸리기 때문에 개발하기 전에 생태계에 미치는 영향을 꼼꼼히 생각해야 합니다.

꿀벌이 크게 줄어들어 전 세계가 크게 걱정하고 있습니다. 식량 대란이 예상됩니다.

왜 꿀벌이 줄어드는 게 걱정할 일이에요?

꿀벌은 꽃의 꽃가루를 옮겨다 주는 역할을 한단다. 식물의 번식을 도와주지. 그런데 꿀벌이 줄어드니 식물도 줄어들겠지.

그럼 식물을 먹는 초식 동물도 줄고 초식 동물을 먹는 육식 동물, 인간 같은 잡식 동물도 먹거리가 부족해져.

생태계는 먹이 사슬로 연결되어 어느 하나라도 균형을 잃으면 생태계가 무너진단다. 근데 꿀벌이 줄어들다니…

정말 걱정할 일이었네요.

또닥

107

## 이 어휘를 통해 문해력이 더 깊어질 수 있어요!

- **어우러지다** : 여럿이 조화를 이루거나 섞이다.
- **영향** : 어떤 일이나 효과가 다른 것에 미치는 일.
- **연결** : 서로 잇거나 관계를 맺음.
- **병충해** : 농작물이 병과 해충으로 인하여 입은 피해.
- **촘촘하게** : 틈이나 간격이 매우 좁거나 작게.
- **대신하다** : 바꾸어서 새로 맡는다.
- **균형** : 어느 한쪽으로 기울거나 치우치지 아니하고 고른 상태. 평형.
- **회복** : 원래의 상태로 돌아가거나 되찾음.

근데 잠깐만!
'**생태계**'가 무엇인지 물어보면
뭐라고 해야 돼?

민재에게 이 낱말을 설명해 주세요.

민재야, '**생태계**'는

글을 잘 읽고 이해했는지 확인해 봅시다.
문제를 풀며 글을 한 번 더 찬찬히 읽어 보세요!

1. 다음은 생태계를 이루는 여러 생물과 비생물들입니다. 이 중 비생물을 모두 골라 동그라미를 치세요.(4가지)

햇빛, 메뚜기, 풀잎, 세균, 흙, 온도, 들쥐, 호랑이, 토끼, 공기

2. 동물들의 먹이 사슬이 순서대로 알맞게 연결된 것을 고르세요.

① 메뚜기 → 풀잎 → 개구리 → 매

② 풀잎 → 메뚜기 → 매 → 개구리

③ 풀잎 → 메뚜기 → 개구리 → 매

④ 메뚜기 → 풀잎 → 매 → 개구리

3. 생태계에 있는 각 생물들과 그 역할이 알맞게 연결된 것을 고르세요.

|  | 생산자 | 소비자 | 분해자 |
|---|---|---|---|
| ① | 메뚜기 | 토끼 | 호랑이 |
| ② | 햇빛 | 메뚜기 | 버섯 |
| ③ | 검정말 | 세균 | 돌고래 |
| ④ | 벼 | 참새 | 세균 |

한 줄
글쓰기
!

만약 생태계에 분해자가 모두 없어진다면 무슨 일이 벌어질까요? 상상하여 한 줄로 적어 보세요.

_____

# 다윈의 진화론을 둘러싼 논란

영국의 생물학자 찰스 다윈의 책『종의 기원』은 무려 1859년에 출간되었지만, 여전히 사람들에게 읽히는 책입니다. 오랜 시간 동안 환경에 적응하며 생물의 모습이 진화하고 있다는 다윈의 이론은 세상을 보는 눈을 바꿨다는 평을 듣고 있답니다.

160여 년 전, 찰스 다윈의『종의 기원』이 출간되기 이전에는 대부분의 사람들이 신이 인간을 창조했다고 믿었습니다. 특히 찰스 다윈이 살았던 유럽 대륙에서는 기독교를 믿는 사람들이 대다수여서 신이 인간의 모습을 흙으로 빚은 뒤 숨결을 불어넣어 생명을 얻었다고 생각했지요. 유럽의 역사와 기독교는 떼어 놓고 생각할 수 없습니다. 당시의 건물이나 그림도 대부분 신을 주제로 만들어졌고, 교황과 왕의 힘이 비슷하거나, 때로는 교황의 힘이 더 셌을 정도로 성경에 적힌 기록들을 우선했으니까요. 당시 기독교는 단순히 종교가 아니라 그때의 유럽 사람들이 세상을 해석하던 눈이었습니다.

신이 인간을 완벽하게 빚어 내려보냈다고 믿었던 시대에 찰스 다윈의 진화론은 원숭이와 인간의 조상이 같을 수도 있다고 이야기합니다. 그래서 처음 다윈의 진화론이 나왔을 때는 "원숭이가 내 조상이라고?"하며 화를 낸 사람도 많았고, 믿지 않는 사람도 많았습니다. 영국에서는 대토론회가 벌어질 정도였지요. 여전히 다윈의 진화론을 믿지 않는 사람들이 있는 것처럼 말입니다.

하지만 다윈은 원숭이가 인간의 조상이라고 말한 것이 아닙니다. 부모의 부모, 또 그 부모의 부모로 계속 거슬러 올라가다 보면 원숭이도 아니고 인간도 아닌 공통된 조상이 있었을 수 있다는 뜻입니다. 다윈은 아주 먼 옛날, 지구에 나타나기 시작한 생명체가 자손을 만들면서 약간씩 모습이나 특징이 달라져 왔다고 생각했습니다. 실제로 다윈의 진화론이 나온 이후, 원숭이와 비슷하지만 인간과 가까운 동물의 화석이 발견되면서 다윈은 자신의 주장이 맞다고 생각했지요.

다윈 이전에도 진화론을 말하던 프랑스의 생물학자가 있었습니다. 라마르크는 기린의 목이 길어진 이유에 대해 기린이 높은 곳에 있는 먹이를 먹기 위해 목을 늘렸고, 지금처럼 목이 길어졌다고 생각했습니다. 즉 잘 쓰는 기관은 발전하고, 쓰지 않는 기관은 퇴화하면서 생물의 모습이 달라졌다는 '용(用:사용)불용(不用:사용하지 않는)설'을 주장했지요. 하지만, 부모님이 운동을 열심히 해도 근육이 많은 아기가 태어나지 않는 것처럼 이 주장에는 문제가 있었습니다. 당시 사람들도 비웃으며 라마르크의 용불용설 주장은 잊혀져 갔습니다.

훗날 영국 생물학자 찰스 다윈의 진화론이 주목을 받고 나서, 영국과 전통적으로 경쟁 관계였던 프랑스의 과학 협회는 프랑스에서도 진화론을 주장한 사람이 있었다는 데 놀라워했습니다. 잊었던 라마르크는 최초로 진화론을 제시한 사람으로 재평가받았고 자손들이 대신해서 훈장을 받았습니다.

물론 다윈은 진화의 이유를 라마르크와 다르게 설명합니다. 다윈은 원래 자손들은 부모와 약간씩 다른 특징을 갖게 되는 데 주목했습니다. 우연히 부리가 약간 긴 새가 태어났고, 부리가 긴 새가 먹이를 먹는 데 유리해지면서 다른 새들에 비해 오래 살아남았다는 것입니다. 그 후 긴 부리가 다시 자손에게 전해지면서 점점 긴 부리의 새만 살아남게 되었다는 것이지요. 라마르크처럼 먹이를 먹기 위해 부리를 길게 늘린 흔적이 자손에게 전해진 것은 아닙니다. 그래서 다윈의 진화론은 '자연이 선택한 것'이라는 뜻으로 '자연 선택설'이라고 부른답니다.

우리가 살아가는 지구는 바람과 물, 햇빛, 땅이
오랜 시간 동안 서로 영향을 주고받으며 만들어
진 공간입니다. 또 지구는 태양계에 있는 여러
행성 중 하나이기도 합니다. 밤하늘을 관찰하며
행성들의 움직임을 보고, 우리가 사는 지구라는
공간에 대해 탐구해 봅시다.

Part 04

# 지구와 우주를
# 탐사해요

# 왜 이런 모습의 땅이 생겼을까요?

세계 지도를 펼쳐 봅시다. 남아메리카 대륙과 아프리카 대륙의 해안선이 비슷하게 꺾여 있습니다. 유럽 대륙과 북아메리카 대륙도 마찬가지입니다. 발견되는 화석도 비슷했습니다. 대륙들이 멀리 떨어져 있는데도 말입니다. 이를 이유로 100여 년 전 독일의 지구 물리학자 베게너는 우리가 사는 대륙이 과거에는 모두 하나였고, 땅이 움직이면서 여러 조각으로 나뉘었다고 주장했습니다.

하지만 당시 사람들은 베게너의 주장을 믿지 않았어요. 그때만 해도 사람들은 땅속이 모두 흙과 암석 같은 단단한 고체로 이루어져서 움직이지 않는다고 믿었기 때문입니다. 하지만, 과학이 발달하며 '지구 겉면에 있는 땅은 거대한 판으로 되어 있고 지구 깊숙한 내부는 움직일 수 있다'는 근거가 발견됩니다. 땅속 깊은 곳에 있는 뜨거운 액체가 그 위의 단단한 고체를 아주 오랜 시간 동안 움직였고, 지구 겉의 땅도 움직여 지금과 같이 여러 대륙으로 쪼개졌다는 것이지요. 이런 주장을 '판구조론'이라고 합니다.

높은 산은 어떻게 만들어졌을까요? 찰흙을 양손에 잡고 가운데로 밀면 봉긋 솟아오릅니다. 마찬가지로 땅속 깊은 곳의 큰 힘이 양쪽에서 누르면 높은 산이 생깁니다. 반대로 찰흙을 양손에 잡고 바깥쪽으로 당기면 찰흙 판이 끊어집니다. 이처럼, 땅속 깊은 곳의 큰 힘이 양쪽에서 당기면 땅이 끊어지거나 큰 충격이 생긴답니다. 두 찰흙 판이 서로 만나면 어떻게 될까요? 찰흙 판이 맞부딪히면서 한쪽은 아래로 밀려들어 가고 다른 쪽은 위로 올라갑니다. 지구의 판과 판이 만나서 큰 충격이 생기면 지진이 일어나기도 합니다. 땅은 멈춰 있는 것이 아니라 땅속 깊은 곳에 있는 큰 힘에 의해 움직이고 있는 것입니다.

흐르는 물과 바람도 오랜 시간 땅의 모습을 변화시켰습니다. 흐르는 물이 땅의 흙, 바위 등을 깎는 것을 '침식(浸:잠길 침, 蝕:좀먹을 식) 작용'이라고 합니다. 높은 산에 비가 많이 오면 움푹 들어간 곳으로 물이 모여 흐르게 됩니다. 이때 가파른 산에서 내려오는 물은 주변의 모래나 흙을 조금씩 깎습니다. 침식 작용이 일어나 계곡이 되는 겁니다. 가벼운 모래나 흙이 침식되기 쉽습니다. 자연스레 강의 위쪽, 상류에는 침식되지 못한 무거운 바위나 큰 돌이 남게 됩니다.

작은 돌이나 모래, 흙은 흐르는 물과 함께 아래쪽으로 운반됩니다. 이것을 흐르는 물의 '운반 작용'이라고 합니다. 가파른 산에서 경사가 완만한 지역에 도착할수록 흐르는 물의 속도는 느려집니다. 그러면서 흐르는 물이 운반하던 돌, 모래, 흙이 천천히 쌓입니다. 이것을 '퇴적(堆:쌓을 퇴, 積:쌓을 적) 작용'이라고 합니다. 가벼운 흙이나 모래일수록 조금 더 멀리 이동할 수 있습니다. 자연스레 산의 아래쪽, 강의 하류에는 작고 가벼운 흙이나 모래가 쌓입니다. 이와 같이 흐르는 물의 침식 작용, 운반 작용, 퇴적 작용으로 땅의 모습이 바뀌게 됩니다. 강의 상류와 하류의 땅이 서로 모습이 다른 이유지요.

땅의 모습이 달라진 경우를 더 살펴볼까요? 이집트의 나일강은 해마다 비슷한 시기에 큰 비가 내려 홍수가 일어나고 비가 그치면 물이 빠집니다. 이집트 사람들은 이 홍수를 '나일강의 선물'이라고 불렀습니다. 강물이 넘치면서 강 상류의 비옥한 흙이 강 하류에 쌓여서 물이 빠진 후 농사짓기에 좋은 평야가 만들어졌기 때문입니다. 이집트 사람들은 홍수가 일어나는 시기를 예측해서 대비하고, 홍수로 인한 변화를 슬기롭게 활용했답니다. 우리나라 낙동강 유역 김해에는 강 하류에 섬이 있습니다. 흐르는 물이 퇴적물을 꾸준히 날라 삼각형 모양의 섬이 만들어졌지요. 이런 땅을 '삼각주'라고 부릅니다. 김해 삼각주에는 김해 공항이 있을 정도로 엄청 크답니다.

상류

아빠, 속도가 너무 빨라요!

강의 시작인 상류는 강폭이 좁아서 물도 빠르게 흐른단다. 돌들도 큼직하지!

휴, 살았다. 여기는 천천히 가네요.

강 끝부분에 다다르니 강폭이 넓고 완만해서 느려진 거야.

돌들도 작다!

살려 줘어!

하류

침식된 작은 돌들이 흐르는 물에 운반되어서 여기 쌓인 거야. 이걸 퇴적 지대라고 한단다.

저기 봐라, 인간!

아빠, 물안경도 퇴적되었나 봐요!

## 이 어휘를 통해 문해력이 더 깊어질 수 있어요!

- **해안선 :** 바다와 육지의 경계. 바다와 육지가 만나는 선.
- **대륙 :** 섬처럼 바다와 가까운 곳이 아닌 넓은 육지.

  ❗ 아시아 대륙을 포함해 6개의 대륙으로 구분합니다.
- **화석 :** 과거에 살았던 동식물의 뼈나 흔적이 굳어 남아 있는 것.
- **홍수 :** 물난리. 물이 넘쳐서 땅이 잠김.
- **(물이) 빠지다 :** 물이 넘쳐서 잠겼던 땅이 다시 드러나다.
- **비옥한 :** 땅이 기름져서 농사짓기에 좋은.
- **평야 :** 넓고 평평한 들판.
- **예측 :** 미리 짐작함.

근데 잠깐만!
'**침식**'이 무엇인지 물어보면
뭐라고 해야 돼?

민재에게 이 낱말을 설명해 주세요.

민재야, '**침식**'은

진짜 읽기

글을 잘 읽고 이해했는지 확인해 봅시다.
문제를 풀며 글을 한 번 더 찬찬히 읽어 보세요!

1. 다양한 모습의 땅이 생긴 이유에 대한 설명 중 옳은 것을 고르세요.

   ① 우리가 살고 있는 대륙은 항상 같은 모양이었습니다.

   ② 지구 내부는 단단한 고체로 되어 있어 땅의 모습이 변합니다.

   ③ 높은 산은 땅속 깊은 곳의 큰 힘이 양쪽에서 잡아당겨 만들어졌습니다.

   ④ 지구 겉면 판과 판이 만나면 지진이 일어나기도 합니다.

2. 우리가 살고 있는 대륙이 모두 하나였다고 가장 처음 주장한 사람은 누구인가요?

   답

3. 다음은 흐르는 물에 의해 땅이 어떻게 변했는지 설명하고 있습니다. 이 중 옳지
   않은 것을 고르세요.

   ① 산에서 내려오는 물이 주변의 흙을 깎아 계곡이 만들어졌습니다.

   ② 강의 상류에는 침식 작용이 일어나 작은 돌과 모래가 남습니다.

   ③ 강의 하류에는 퇴적물이 쌓여 삼각주가 만들어지기도 합니다.

   ④ 가파른 산에서 완만한 구역에 갈수록 물의 속도가 느려집니다.

한 줄
글쓰기
!

만약 다시 지구의 판이 움직여 모든 대륙이 하나로 합쳐지면 무엇을 할 수 있
을까요? 하고 싶은 것을 한 줄로 적어 봅시다.

118

# 해변의 파도는 땅의 모습을 어떻게 바꿀까요?

여름철 바다에 놀러 간 경험을 이야기해 보면 어느 지역에 있는 바다를 갔느냐에 따라 경험이 다릅니다. 어떤 친구는 바닷물이 빠진 뒤 갯벌에서 조개를 캐거나 꽃게를 잡았다고 합니다. 다른 친구는 흰 모래사장에서 모래놀이를 하거나 튜브를 타고 파도에 몸을 맡기며 수영을 했다고 하지요. 우리나라는 삼면이 바다로 둘러싸여 있어 지역에 따라 다채로운 바다를 볼 수 있습니다. 또 바다 주변에 있는 다양한 땅의 모습을 관찰하기도 좋답니다.

먼저, 바다에서는 파도를 볼 수 있습니다. 파랑이라고도 불리는 파도는 바람이 해변 쪽으로 불면서 생기는 바다의 물결입니다. 센 바람이 오랫동안 불면 파도도 거세집니다. 파도 덕분에 해변 근처 바다에서 튜브를 타면 해변 쪽으로 밀려옵니다.

파도는 어떻게 땅을 변화시킬까요? 파도가 직접 부딪히는 모래나 바위는 조금씩 침식됩니다. 거센 파도는 더 강하게 부딪치며 암석을 더 많이 깎아 냅니다. 바다 주변에서는 바위가 파도에 오랜 시간 깎여 생긴 지형을 볼 수 있습니다. 파도가 많이 부딪히는 곳은 움푹 침식되어 있거든요. 해안 절벽 근처에 우뚝 선 바위나 동굴, 가운데에 구멍이 뚫린 희귀한 바위들은 아름다운 풍경을 만들어 냅니다. 아름다운 풍경을 지닌 바다는 해상 국립 공원으로 지정되기도 한답니다.

해변 쪽으로 밀려오는 파도 덕에 퇴적 작용도 일어납니다. 바닷속에 있던 모래나 자갈이 해변 방향으로 밀려오는 파도를 타고 와 바닷가에 쌓입니다. 특히 파도가 약하고 물살이 느린 바닷가에는 침식 작용보다 퇴적 작용이 활발하게 일어납니다. 모래는 가벼워서 더 잘 운반됩니다. 그래서 바닷가 근처에 모래사장이 생겨납니다. 즉 파도가 직접 부서지는 부분은 침식되고, 해변가의 바닷속은 물살이 느려지면서 파도 모양으로 퇴적물이 쌓이는 것입니다.

바닷물의 높이는 하루 중에도 달라질 수 있습니다. 바닷물이 밀려들어 올 때는 수위가 높고, 바닷물이 빠졌을 때는 수위가 낮습니다. 이 차이를 '조수 간만의 차이'라고 말합니다. 조수 간만의 차이가 큰 지역에서는 물이 빠졌을 때 바다 밑바닥이 드러납니다. 바닷속에 퇴적된 진흙이 드러난 땅을 갯벌이라 합니다. 갯벌에서 바닷속에 사는 게나 조개를 볼 수 있습니다. 또, 바닷물의 수위가 낮아졌을 때 바닷속에 퇴적된 모랫길이 드러나 섬과 섬 사이를 잇는 길이 됩니다. 바닷속에는 편평한 땅만 있는 것이 아니라, 침식 작용과 퇴적 작용으로 완만한 경사가 있는 지역도 있고 깊이 팬 절벽도 있습니다.

요즘 우리나라 바다에서 모래사장이 사라지고 있다는 뉴스 기사가 나옵니다. 지구 기온이 변해 예전보다 파도가 거세졌고, 퇴적물이 쌓여 모래사장이 만들어지는 속도보다 파도가 깎아 내는 속도가 빠르기 때문입니다. 바다 주변을 개발하면서 바다에 퇴적물이 쌓일 곳이 줄어든 것도 문제입니다.

바닷가 근처에서 네 개 기둥 모양의 돌, 테트라포드가 잔뜩 쌓여 있는 것을 본 적이 있나요? 테트라포드는 해변의 침식을 막기 위한 방파제입니다. 거센 파도로 침식이 심한 곳에 설치하지요. 이 테트라포드에 파도가 먼저 부딪히도록 해 해변의 모래나 바위의 침식을 막습니다. 물론 테트라포드도 침식되기 때문에 주기적으로 바꿔 줘야 합니다.

바닷가의 다양한 풍경을 보면서 침식 작용과 퇴적 작용을 찾아보세요. 오랜 시간에 걸쳐 빚어진 자연의 아름다움을 한껏 느끼면서 말입니다.

## 이 어휘를 통해 문해력이 더 깊어질 수 있어요!

- **갯벌 :** 진흙이 쌓인 바닷속 땅. 물이 빠졌을 때 드러나기도 함.
- **모래사장 :** 강이나 바닷가에 있는 넓은 모래밭.
- **국립 공원 :** 자연과 문화 자원을 보호하기 위하여 나라에서 정해 관리하는 공원.
- **조수 간만의 차 :** 바닷물이 밀려들어 왔을 때와 다시 나갔을 때 해수면 높이의 차이.
- **물살 :** 물이 흐르는 힘.
- **수위 :** 물의 높이.
- **절벽 :** 바위를 깎아지른 듯한 낭떠러지.
- **방파제 :** 파도가 들어오지 못하게 막아 항구를 잔잔하게 유지하는 둑이나 제방.

근데 잠깐만!
'**파도**'가 무엇인지 물어보면
뭐라고 해야 돼?

민재에게 이 낱말을 설명해 주세요.

민재야, '**파도**'는

글을 잘 읽고 이해했는지 확인해 봅시다.
문제를 풀며 글을 한 번 더 찬찬히 읽어 보세요!

1. 다음은 바다를 방문하고 돌아온 친구들의 대화입니다. 친구의 말 중 잘못 설명한 부분에 ○ 표시하고, 바르게 바꿔 주세요.

    영지   신기한 바닷길을 봤는데, 시간이 지나 섬과 섬 사이에 모랫길이 생겼어.

    수민   물이 빠져서 바닷속에 침식되어 있던 모랫길이 드러났나 봐.

2. 다음은 글을 읽고 요약한 내용입니다. 빈칸에 알맞은 말을 넣으세요.

    해변의   ㉠          는 직접 부딪히는 모래나 바위를   ㉡          시킵니다. 또, 바닷가에 바닷속에 있던 모래나 자갈을   ㉢          시킵니다.

3. 다음 중 해변 지형의 모습을 옳지 않게 설명한 것을 고르세요.
    ① 파도가 직접 부딪히는 모래나 바위는 깎여서 움푹 침식되었습니다.
    ② 바닷물의 높이는 하루 중에 달라질 수 있어 갯벌이 드러나기도 합니다.
    ③ 파도가 거세게 부딪히는 바닷가에 모래나 자갈이 쌓이기도 합니다.
    ④ 최근에는 기후 변화로 파도가 거세져서 모래사장이 줄어들고 있습니다.

 해변에는 모래사장, 갯벌, 해안 절벽 등 다양한 풍경이 있습니다. 여러분이 가장 좋아하는 풍경은 어디인지 쓰고 그 이유를 한 줄로 적어 봅시다.

# 백두산, 한라산, 울릉도, 독도의 공통점은 무엇일까요?

백두산, 한라산, 울릉도, 독도의 공통점이 무엇일까요? 유명한 산? 유명한 섬? 백두산은 북한에 있는 높은 산이고, 한라산은 제주도에 있는 산입니다. 울릉도와 독도는 우리나라 동해 바다에 있는 섬이지요. 네 곳은 모두 '화산'입니다.

화산은 땅속 깊은 곳에서 녹은 암석 물질인 마그마가 땅을 뚫고 올라와 만들어진 지형입니다. 백두산과 한라산은 육지 위의 화산이고, 독도와 울릉도는 바닷속에서 화산 활동이 일어나 생긴 화산섬이랍니다. 물 밖으로 나온 부분은 작지만, 전체 높이는 한라산보다 높을 정도로 규모가 큽니다. 하와이나 아이슬란드도 하나의 화산섬입니다.

화산에서 나오는 물질은 뜨거운 마그마(용암) 이외에도 더 있습니다. 보통 화산이 폭발할 때 기체인 화산 가스가 먼저 나오고, 그 다음으로 액체인 용암이 나옵니다. 또, 고체인 화산재와 화산 암석 조각이 함께 나옵니다. 화산 암석 조각은 마그마가 굳은 것이 아니라, 땅속 깊은 곳의 암석 조각이 튀어나오는 것입니다.

화산이 분출을 멈춘 후에는 마그마가 가장자리에 굳어 화구가 만들어집니다. 화구에 물이 고이면 화구호가 됩니다. 한라산의 백록담이 화구호입니다. 또, 땅속 마그마가 있던 공간이 무너지면서 움푹 팬 땅, 마치 솥과 같은 모양의 땅이 되기도 합니다. 이 움푹 팬 지형은 가마솥을 의미하는 라틴어, caldaria를 따서 '칼데라'라고 부릅니다. 그 자리에 물이 고이면 커다란 물웅덩이인 '칼데라호'가 만들어집니다. 백두산의 천지가 바로 칼데라호입니다. 화구호보다 칼데라호가 더 크고 깊은 편입니다.

화산 활동으로 마그마가 식으며 굳어진 암석을 화성암이라고 합니다. 이때 마그마가 지표면 가까이에 올라와 빠르게 식어 굳어진 암석은 알갱이 크기가 작습니다. 알갱이가 만들어지는 시간이 짧아 미처 크게 굳지 않은 것입니다. 이러한 암석 중 가장 대표적인 것은 현무암입니다. 현무암은 크고 작은 화산이 많은 제주도에서 흔히 볼 수 있습니다. 검정색 구멍이 많이 뚫린 암석으로 현미경을 통해 보면 작은 알갱이를 확인할 수 있습니다. 현무암은 화산 가스가 나오면서 만들어진 작은 구멍들이 특징이지만, 구멍이 표면에 드러나지 않은 현무암도 있답니다.

반면 화산 안쪽 땅속에서 마그마가 천천히 식으며 만들어진 암석은 알갱이가 굳는 시간이 길어 알갱이 크기가 큽니다. 이러한 암석 중 우리나라에서 가장 흔히 볼 수 있는 암석은 화강암입니다. 화강암은 눈으로 확인할 수 있을 정도로 알갱이가 크며, 흰색과 검은색의 알갱이가 섞여 있어 아름답고 단단하여, 예술 작품의 재료로 많이 쓰입니다. 경주 불국사 앞의 다보탑도 화강암으로 만들어졌답니다.

화산은 수십 년에서 수만 년의 간격을 두고 활동합니다. 화산 활동을 다시 시작할 것으로 예상되면 영향을 받는 주변 지역에서 즉시 대피해야 합니다. 고대 로마의 도시 폼페이는 도시가 번성하던 시기에 화산이 폭발해 도시가 소멸했다고 알려져 있습니다. 이탈리아 폼페이 유적을 방문하면 베수비오 화산의 폭발로 엄청난 양의 화산재가 도시를 뒤덮어 미처 대피하지 못한 당시 모습을 확인할 수 있습니다. 최근에도 화산 폭발로 화산재가 하늘을 뒤덮어 공항이 폐쇄되거나, 마그마가 흘렀다는 뉴스가 종종 나옵니다. 화산 활동은 폭발뿐만 아니라 마그마, 화산재, 화산 가스 등 화산 분출물로 큰 인명 피해를 발생시킵니다. 그러므로 화산 활동을 미리 예측하고 대피하는 일이 중요합니다.

와, 어떻게 산꼭대기에 이런 호수가 생길 수 있지?

칼데라호가 생겼군.

칼데라호?

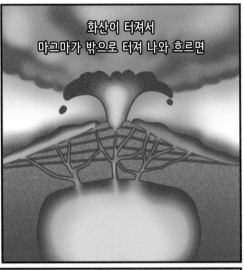

화산이 터져서 마그마가 밖으로 터져 나와 흐르면

화산 내부에 있는 마그마 방이 텅 비어 버려. 그래서 위의 지층을 지지하지 못하게 되지.

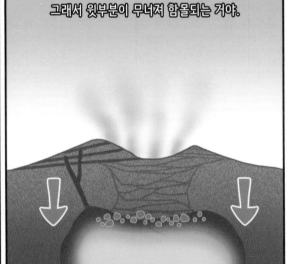

그래서 윗부분이 무너져 함몰되는 거야.

꺼진 바닥 위에 비가 오면 물이 고여서 호수가 되는데, 그걸 칼데라호라고 해.

두두야. 과학 선생님 같아.

에헴!

- **폭발** : 힘이나 열기가 갑작스럽게 터짐.
- **화구** : 화산이 폭발한 곳. 입구.
- **화구호** : 화산의 분출구가 막혀 그곳에 물이 고여 생긴 호수.
- **백록담** : 한라산의 화구호 이름.
- **천지** : 백두산의 칼데라호 이름.
- **지표면** : 지구의 표면.
- **식다** : 온도가 내려가다. 더운 기운이 가시다.

- **즉시** : 바로 그때.
- **대피** : 해를 입지 않도록 피함.
- **소멸** : 사라져 없어짐.
- **유적** : 과거에 있었던 일이 남아 있는 흔적.
- **화산재** : 화산에서 나온 용암의 부스러기 중 작은 것.
- **분출물** : 뿜어져 나온 물질.
- **뒤덮다** : 빠진 곳 없이 온통 덮다.

근데 잠깐만!
'**화산**'이 무엇인지 물어보면 뭐라고 해야 돼?

민재에게 이 낱말을 설명해 주세요.

민재야, '**화산**'은

진짜 읽기

글을 잘 읽고 이해했는지 확인해 봅시다.
문제를 풀며 글을 한 번 더 찬찬히 읽어 보세요!

1. 글을 읽고 화산에 대한 설명으로 올바른 것을 고르세요.

① 하와이와 아이슬란드도 화산섬입니다.

② 화산에서 나오는 여러 물질은 모두 액체입니다.

③ 우리나라의 화산섬은 백두산, 한라산, 울릉도, 독도입니다.

④ 세계에는 여러 화산이 있지만, 화산 활동이 거의 일어나지 않습니다.

2. 화산 활동 이후에는 다음과 같은 지형이 생깁니다. '이것'은 무엇일까요?

화산 활동 이후 땅속 마그마가 있던 공간이 무너지면서 움푹 팬 땅, 솥과 같은 모양이 됩니다. 이 움푹 팬 곳에 물이 고이면 '이것'이 만들어집니다.

3. 화산 활동으로 만들어진 암석에 대한 설명으로 옳지 않은 것을 고르세요.

① 현무암은 뜨거운 마그마가 빠르게 식으며 만들어진 암석입니다.

② 현무암에는 화산 가스가 나오면서 생긴 작은 구멍들이 있습니다.

③ 땅속 마그마가 천천히 식어 화강암이 만들어졌습니다.

④ 제주도에는 화산 활동으로 생긴 검정색 화강암이 많습니다.

한 줄
글쓰기
!

우리나라 백두산도 화산입니다. 만약 백두산이 폭발한다면 무슨 일이 벌어질까요? 상상한 것 중 한 가지만 한 줄로 적어 보세요.

_____

# 하늘의 달을 관찰하며 탐구해요

"푸른 하늘 은하수 하얀 쪽배에, 계수나무 한 나무 토끼 한 마리"로 시작하는 동요를 들어 본 적이 있나요? 이 동요의 제목은 〈반달〉입니다. 노랫말을 들으면 달에 토끼가 산다는 옛이야기가 연상됩니다. 우리나라 사람들은 달을 바라보며 달 표면의 어두운 무늬가 토끼가 방아를 찧는 모습이라고 생각했습니다. 달은 항상 같은 면(앞면)만 보여 주기 때문에 지구에서 보이는 달의 무늬는 항상 같았거든요.

갈릴레오 갈릴레이는 망원경으로 달을 들여다본 뒤 어두운 부분에 물이 있을 거라고 생각했습니다. 이 어둡게 보이는 부분에 '달의 바다'라는 이름을 붙였습니다. 하지만 이곳은 물이 흐른 흔적이 아니라 현무암과 비슷한 용암 지형으로 색이 어두운 것이었답니다. 아직까지 달에서 물을 찾지 못했지만, 달 탐사는 계속되고 있습니다.

달에는 달을 둘러싼 공기층인 대기도 없습니다. 달은 중력이 지구보다 훨씬 작아 기체인 대기를 붙들지 못했습니다. 지구에 대기가 있는 이유는 지구의 중력이 기체인 대기를 붙들 수 있을 만큼 크기 때문입니다. 달에는 대기가 없기 때문에 달을 탐사했을 당시의 사진을 보면 달의 하늘은 항상 검정색입니다. 하지만 지구는 태양빛이 대기를 통과하며 사방으로 흩어집니다. 공기 알갱이에 반사된 파란빛 덕에 하늘이 파랗게 보인답니다.

달 표면에는 크고 작은 충돌 구덩이, '크레이터'도 잘 보입니다. 크레이터는 그리스어로 '컵' 혹은 '그릇'이라는 뜻으로 그릇을 엎어 놓은 흔적이라는 의미입니다. 지구에 유성이 떨어지면 대기와 부딪치며 마찰열로 인해 빛을 내며 탑니다. 그래서 대기를 통과하는 동안에 유성의 크기가 작아져서 충돌이 달만큼 많지 않습니다. 하지만 달은 대기가 없기 때문에 떨어지는 유성이 그대로 달 표면에 충돌합니다. 또한, 달은 대기와 물이 없어서 침식 작용도 일어나지 않아 한번 생긴 충돌 구덩이가 잘 없어지지 않습니다. 그로 인해 달의 표면이 울퉁불퉁한 것입니다.

달의 모양과 위치는 매일 조금씩 변합니다. 옛사람들은 달이 움직이는 규칙을 살펴 달의 모습을 보고 날짜를 헤아리는 '음력'을 만들었습니다. 달은 스스로 빛을 내지 못하기 때문에 태양을 향한 쪽만 환하게 보입니다. 때문에 달이 지구 주위를 한 바퀴 도는 동안 지구에서 보는 모양이 매일 바뀝니다. 달은 29.5일마다 손톱 모양의 초승달에서 둥근 보름달이 되었다가 다시 조금씩 반달인 하현달로 보입니다. 때문에 달의 모양을 보고 날짜의 변화를 확인할 수 있었답니다.

하루 중에도 달을 볼 수 있는 위치가 바뀝니다. 지구도 하루에 한 바퀴씩 혼자 돌기 때문입니다. 음력 15일에 우리나라에서 볼 수 있는 보름달은 초저녁에 동쪽에서 떴다가 남쪽으로 이동하고, 다시 서쪽으로 이동합니다. 해가 질 때부터 해가 뜰 때까지 달을 내내 볼 수 있는 날이지요. 하지만, 음력 2~3일에는 초승달을 초저녁 서쪽에서만 잠깐 볼 수 있습니다. 나머지 시간에는 지구가 혼자 돌면서 달의 반대편을 바라보게 되어 밤에도 달이 보이지 않습니다. 즉, 달의 모습과 위치는 지구의 자전과 달의 공전 때문에 매일 달라집니다.

밤하늘의 달을 관찰하고 기록해 보세요. 그리고 달의 모양과 위치 변화에서 반복되는 패턴을 찾아봅시다. 요즘은 높은 건물에 가려 달의 이동을 꾸준히 관찰하기 어렵습니다. 탁 트인 장소를 정해 놓고 매일 같은 시간에 달을 관찰하면 달의 모양과 위치 변화를 확인할 수 있답니다. 달에 대한 관심이 언젠가 여러분을 우주로 데려다 줄 수 있을 것입니다.

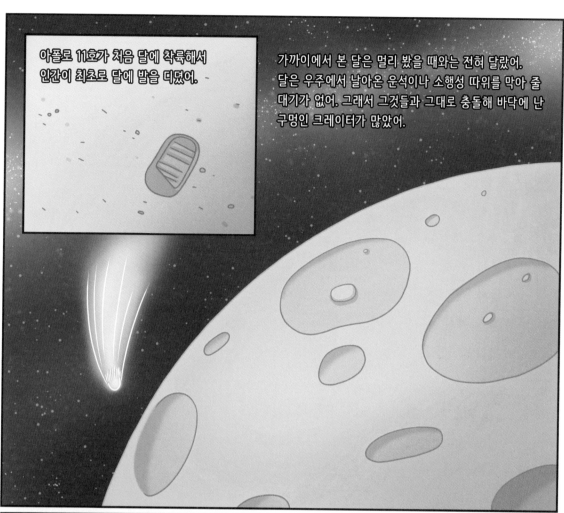

아폴로 11호가 처음 달에 착륙해서
인간이 최초로 달에 발을 디뎠어.

가까이에서 본 달은 멀리 봤을 때와는 전혀 달랐어.
달은 우주에서 날아온 운석이나 소행성 따위를 막아 줄
대기가 없어. 그래서 그것들과 그대로 충돌해 바닥에 난
구멍인 크레이터가 많았어.

달의 돌과 흙을 가져온 후,
인간은 달을 향해 끊임없이 탐사하고
연구하고 있어.

언젠가 달로 여행가는
날이 올까?

내 비행선만 고치면
지금도 가능한데.

하하

## 이 어휘를 통해 문해력이 더 깊어질 수 있어요!

- **쪽배** : 통나무의 속을 파서 만든 작은 배.
- **연상시키다** : 머릿속에 떠오르게 하다.
- **방아** : 곡식을 빻는 긴 방망이 모양의 도구.
- **노력** : 목적을 위해 몸과 마음을 다함.
- **탐사** : 알려지지 않은 것을 샅샅이 조사함.
- **통과하다** : 지나가다.
- **마찰열** : 맞닿은 두 물체가 마찰할 때 생기는 열.
- **충돌** : 서로 맞부딪침.
- **지구의 자전** : 지구가 스스로 도는 것. 회전함.
- **달의 공전** : 달이 지구의 주변을 주기적으로 도는 것.
- **패턴** : 일정한 형태. 규칙.

근데 잠깐만!
'**대기**'가 무엇인지 물어보면
뭐라고 해야 돼?

민재에게 이 낱말을 설명해 주세요.

민재야, '**대기**'는

글을 잘 읽고 이해했는지 확인해 봅시다.
문제를 풀며 글을 한 번 더 찬찬히 읽어 보세요!

1. 달에 대한 설명으로 옳지 않은 것을 고르세요.

   ① 달은 하늘이 항상 검정색입니다.

   ② 갈릴레오 갈릴레이는 망원경으로 달을 관찰했습니다.

   ③ 달에는 '달의 바다'라는 물이 흐른 흔적이 남아 있습니다.

   ④ 달은 항상 같은 면만 보여서 사람들은 달의 무늬를 보고 이야기를 상상했습니다.

2. 달 표면은 울퉁불퉁한 충돌구덩이인 크레이터가 잘 보입니다. 유난히 달에 크레이터가 많은 이유는 이 두 가지가 없기 때문입니다. 무엇인지 적어 보세요.

   답                ,

3. 보름달의 모양과 위치에 대해 옳지 않게 말한 친구를 고르세요.

   ① 가온 "달의 모양이 둥근 걸 보니 오늘이 음력 15일이구나."

   ② 상미 "오늘은 해가 질 때부터 해가 다시 뜰 때까지 달을 계속 볼 수 있어서 좋아."

   ③ 은혜 "보름달은 항상 동쪽 하늘에서 볼 수 있어."

   ④ 윤정 "보름달이 지나면 조금씩 반달 모양의 하현달로 변하지."

한 줄
글쓰기
!

가까운 미래에는 우주인이 아닌 사람들도 달을 여행할 수 있을 거라고 예상합니다. 만일 달에 갈 수 있다면 무엇을 하고 싶은가요?

_____

# 태양계의 행성을 살펴봅시다

항성, 행성, 소행성, 혜성, 유성 등 밤하늘의 천체를 가리키는 여러 단어들은 비슷한 것 같지만 모두 다릅니다. 우리가 살고 있는 지구는 태양계의 8개 행성 중 하나입니다. 태양계에는 유일하게 빛을 내는 별인 항성 '태양'과 태양의 영향을 받는 8개의 행성, 그 밖의 여러 천체들이 있습니다. 항성은 스스로 빛을 내는 별이지만, 행성은 스스로 빛을 내지 못합니다. 스스로 빛을 내지 못하면서 태양 주위를 도는 천체를 행성이라고 부릅니다.

태양계의 8개 행성은 태양에서 가까운 순서대로 앞글자만 따서 '수(성), 금(성), 지(구), 화(성), 목(성), 토(성), 천(왕성), 해(왕성)'라고 외기도 합니다. 그럼 달은 무엇일까요? 달은 태양 주변을 도는 행성이 아니라 지구 주변을 도는 위성이랍니다.

수성, 금성, 지구, 화성의 특징이 비슷하고, 목성, 토성, 천왕성, 해왕성의 특징이 비슷하기 때문에 '수금지화'와 '목토천해'로 나누어 기본적인 특징을 기억해도 좋습니다. 먼저 수성, 금성, 지구, 화성은 표면이 단단한 고체로 되어 있는 반면, 목성, 토성, 천왕성, 해왕성은 표면이 커다란 기체 덩어리입니다. 그래서인지 영화에서 다른 행성에 발을 디디는 장면을 보면 대개 수성이나 금성, 화성이 배경입니다. 또 보통 토성만 행성 주변에 고리를 가지고 있다고 알고 있는데, 목성, 천왕성, 해왕성 모두 희미하지만 고리를 가진 행성입니다.

수성, 금성, 지구, 화성에 비해 목성, 토성, 천왕성, 해왕성은 훨씬 크기가 큽니다. 미국 항공우주국 출신 공학자 마크 로버는 태양계 행성의 크기를 우리 주변에서 볼 수 있는 물건들에 비유했습니다. 그는 태양이 축구공만 하다면, 수성은 후추 한 톨 크기,

목성은 청포도알 하나 정도의 크기라고 나타냈습니다. 태양과 수성의 크기 차이가 축구공과 후추 한 톨만큼이라니 태양의 엄청난 크기를 짐작할 수 있습니다. 마찬가지로 목성은 수성의 수십 배나 크지만 태양에 비하면 한참 작습니다.

행성 간의 거리도 상상보다 더 멀리 떨어져 있습니다. 수성은 태양과 가장 가까운 행성입니다. 그런데도 태양이 축구공만 하고 수성이 후추 한 톨만 하다고 할 때 둘 사이는 9m나 떨어져 있답니다. 대략 교실 맨 앞에서 맨 뒤까지의 거리만큼 떨어져 있는 셈입니다. 태양계의 거리를 가늠할 수 있는 예는 또 있습니다. 지구에서 태양까지 1시간에 1000km를 가는 비행기를 탈 경우, 무려 17년이 걸린다고 합니다. 이러한 비유들을 통해 태양계의 어마어마한 크기를 상상할 수 있습니다.

놀랍게도 이 거대한 태양계는 '우리은하' 안에 있는 2천억 개의 별들 중 모래알만큼 작은 부분에 불과합니다. 또한 우주 공간에 우리은하와 같은 은하가 1천억 개 정도 있을 것이라고 합니다. 우주의 광활함에 입이 떡 벌어집니다.

책 『어린 왕자』의 주인공 어린 왕자는 장미꽃, 바오밥나무와 함께 소행성 B612에서 삽니다. 소행성은 8개의 행성 이외에 태양의 주위를 도는 작은 행성이라는 뜻입니다.

또, "혜성처럼 등장한 신인 가수"라는 말을 들어 본 적이 있나요? 혜성은 먼지와 가스로 이루어진 천체입니다. 사람들은 혜성이 아무 예고 없이 갑자기 등장한다고 생각했지만 혜성도 규칙적으로 움직이고 있습니다. 핼리 혜성은 76년마다 한 번씩 지구에서 볼 수 있답니다.

마지막으로 유성은 별똥별을 말합니다. 우주 공간을 떠돌던 티끌과 먼지가 대기와 부딪히며 빛을 내면서 떨어지는 것을 말합니다. 밤하늘의 별은 이토록 다양합니다.

## 이 어휘를 통해 문해력이 더 깊어질 수 있어요!

- **천체 :** 우주에 있는 모든 물체. 인공위성도 포함함.
- **항성 :** 스스로 빛을 냄. 붙박이별. 위치를 거의 바꾸지 않음.
- **위성 :** 행성의 주변을 도는 천체.
- **외다 :** ❶ 같은 말을 되풀이하다. ❷ 말이나 글 따위를 잊지 않고 기억해 두다.
- **광활하다 :** 막힌 데가 없이 트이고 넓다.
- **혜성처럼 등장한 :** 갑자기 등장한 뛰어난 존재.
   - ❶ 혜성처럼 등장한 가수 : 뛰어난 신인 가수.
- **대적점 :** 목성에서 폭풍으로 생기는 커다란 반점.

근데 잠깐만!
**'행성'**이 무엇인지 물어보면
뭐라고 해야 돼?

민재에게 이 낱말을 설명해 주세요.

민재야, **'행성'**은

137

**1. 밤하늘의 천체와 그에 대한 설명을 알맞게 짝지어 주세요**

① 항성 •　　　　　• 먼지와 가스로 이루어진 천체로 갑자기 밤하늘에 나타나지만, 규칙적으로 움직이고 있음.

② 행성 •　　　　　• 우주를 떠돌던 티끌과 먼지가 대기와 부딪히며 빛을 내면서 떨어짐.

③ 소행성 •　　　　• 스스로 빛을 내는 별.

④ 혜성 •　　　　　• 스스로 빛을 내지 못하면서 태양 주위를 도는 별.

⑤ 유성 •　　　　　• 태양 주위를 도는 작은 행성.

**2. 태양계의 행성 중 다음과 같은 특징을 모두 가진 행성을 고르세요.**

• 커다란 기체 덩어리　　• 태양계 행성 중 크기가 큰 편임　　• 고리를 가짐

① 수성　　　　② 금성　　　　③ 목성　　　　④ 화성

**3. 글을 읽고 태양계에 대한 설명으로 옳지 않은 것을 고르세요.**

① 수성이 태양에서 가장 가까운 행성입니다.

② 태양계는 '우리은하' 안에 있는 2천억 개의 별들 중 일부분입니다.

③ 우주에는 '우리은하'와 같은 은하가 1천억 개 정도 있습니다.

④ 태양계에서 태양과 가장 멀리 떨어진 행성은 명왕성입니다.

한 줄 글쓰기!

**여러 천체 중 가 보고 싶은 곳을 하나 골라 이유와 함께 소개해 주세요.**

_____

# 별자리를 보며 지구의 자전과 공전을 생각해요

태양계의 행성, 금성은 별명이 많습니다. 새벽녘 동쪽 하늘에 보일 때는 '샛별'이라 불리고, 초저녁 무렵 서쪽 하늘에서 보일 때는 '개밥바라기별'이라고 불렀습니다. 개 밥바라기는 개 밥그릇이라는 뜻으로, 저녁에 집에 돌아가 개에게 밥을 줄 때 서쪽에 서 보이는 별이라서 이런 별명이 붙었습니다. 옛사람들은 각각 다른 별이라고 생각했 지만, 사실은 금성이 움직여서 관찰되는 시간과 위치가 달라진 것이지요. 태양 주위를 도는 행성은 다른 별들 사이에서 움직이며 위치가 달라집니다.

움직임이 거의 없는 별들도 있습니다. 실제로는 움직이고 있지만, 너무 멀리 떨어져 있기 때문에 지구에서 볼 때는 움직이지 않는 것처럼 보인답니다. 그런 별은 붙박이별 이라는 별명이 있습니다. 반대로 움직임이 뚜렷하게 보이는 행성은 떠돌이별이라는 별명을 가지고 있지요. 만일 행성도 별처럼 더 먼 거리에 있었다면 지금처럼 움직임이 선명하게 보이지는 않을 겁니다.

북극성은 별 중에서도 가장 위치가 변하지 않아 북쪽을 알려 주는 길잡이별입니다. 북극성이 길잡이별이라서 밝은 별이라고 생각하기 쉽지만, 북극성은 별의 밝기를 6등 급으로 나누었을 때 두 번째로 밝은 2등급 별이며 때때로 그 밝기가 달라지기도 합니 다. 2등급의 별은 1등급의 별보다 2.5배 어둡습니다. 때문에 북극성은 별자리를 이용 해 찾는 편이 정확합니다.

별자리는 별과 별 사이에 가상의 선을 이어 이름을 붙인 것을 말합니다. 옛사람들은 하늘에 별이 자리한 모습을 보고 다양한 이야기를 상상했습니다. 서양의 그리스 로마 신화나 우리나라의 전래 동화 중에도 하늘의 별이 된 사람들의 이야기가 많이 등장합니다. 별자리는 5천 년 전부터 입에서 입으로 전해지다가 16세기부터 꼼꼼히 다듬어졌고 1930년 국제천문연맹에 의해 88개의 별자리로 확정되었습니다.

알파벳 'W(더블유)'모양의 카시오페이아자리와 큰곰자리, 작은곰자리는 계절에 관계없이 북쪽 밤하늘에서 볼 수 있는 대표적인 별자리입니다. 별자리 모양을 기억해 두면 밤하늘을 관찰하는 재미가 더 풍성해진답니다. 북극성은 카시오페이아자리와 큰곰자리의 가운데에 위치합니다. 북두칠성 자리의 움푹 들어간 국자 모양 끝 6번째 별부터 7번째 별까지 연결한 뒤, 이어지는 선을 그어 5배만큼 더 앞에 있는 별이 북극성입니다. 또, 카시오페이아자리의 W 아래쪽으로 이어지는 선을 그어 두 선이 만나는 점을 찍고, 그 점부터 W 가운데 별까지 연결해 그 거리의 5배만큼 떨어진 곳에 있는 별이 북극성이랍니다. 글로만 읽으면 찾기 어렵게 느껴지지요? 처음 별을 관찰할 때는 스마트기기의 천체 관측 프로그램을 이용하면 좋습니다. 별자리가 눈에 익으면 프로그램이 없어도 쉽게 찾을 수 있답니다.

별자리는 조금씩 이동합니다. 붙박이별도 움직인다니 이상하지요? 사실 붙박이별이 움직인다기보다는 지구의 자전과 공전으로 별이 움직이는 것처럼 보이는 현상입니다. 하루 동안에도 북극성을 중심으로 카시오페이아자리와 큰곰자리가 시계 반대방향으로 조금씩 움직입니다. 또, 계절별로 특별한 별자리가 보이기도 합니다. 지구가 1년마다 한 바퀴씩 태양 주위를 공전하면서 가려졌던 별자리가 보이기 때문입니다. 봄철의 사자자리, 여름철의 견우성과 직녀성, 가을철의 안드로메다자리, 겨울철의 오리온자리 등이 있습니다. 특히 여름철에는 은하수가 가장 밝고 두텁게 보입니다.

## 이 어휘를 통해 문해력이 더 깊어질 수 있어요!

- **새벽녘 :** 날이 밝아 올 무렵.
- **초저녁 :** 해가 질 무렵.
- **천체 관측 :** 하늘의 별과 같은 천체를 관찰하고 헤아리는 것.
- **자전 :** 천체가 축을 중심으로 스스로 한 바퀴 도는 것.
  - ❶ 지구는 하루에 한 바퀴씩 제자리에서 자전합니다.
- **공전 :** 한 천체가 다른 천체의 주위를 주기적으로 도는 것.
  - ❶ 지구는 일 년에 한 바퀴 태양 주위를 공전합니다.
- **은하수 :** 별이 강이 흐르는 것처럼 보이는 모습.

근데 잠깐만!
'**별자리**'가 무엇인지 물어보면
뭐라고 해야 돼?

민재에게 이 낱말을 설명해 주세요.

민재야, '**별자리**'는

글을 잘 읽고 이해했는지 확인해 봅시다.
문제를 풀며 글을 한 번 더 찬찬히 읽어 보세요!

1. 다음 중 행성과 별명이 알맞게 짝지어진 것을 고르세요.

   ① 금성-샛별             ② 북극성-개밥바라기별

   ③ 북극성-떠돌이별      ④ 금성-길잡이별

2. 다음 중 북극성에 대한 설명으로 옳은 것을 고르세요.

   ① 북극성은 가장 밝아 북쪽을 알려 주는 길잡이별입니다.

   ② 북극성은 카시오페이아자리와 큰곰자리의 가운데에 있습니다.

   ③ 하루 동안에도 북극성은 시계 반대 방향으로 조금씩 움직입니다.

   ④ 북극성은 북두칠성 자리의 국자모양 가장 끝에 있는 별입니다.

3. 계절에 관계없이 북쪽 밤하늘에서 볼 수 있는 대표적인 별자리가 아닌 것은 무엇
   인가요?

   ① 큰곰자리            ② 오리온자리

   ③ 작은곰자리        ④ 카시오페이아자리

세 줄
글쓰기
!

**북극성은 항상 같은 자리에서 북쪽을 알려 주는 길잡이별입니다. 북극성처럼
나에게 길잡이가 되어 주는 사람은 누구이고 그 이유는 무엇인지 적어 봅시다.**

나에게 길잡이가 되는 분은

# 베게너의 대륙이동설부터
# 윌슨의 판구조론까지

<대륙이 떠다니나? 륙대주가 본시는 한 덩어리 엇섯다, 오스트리아 학자의 신학설>

1926년 우리나라 일제 강점기에 잡지에 실렸던 기사의 제목입니다. 이어서 "확실한 증거는 십 년 후", "떠다니는 것은 가능하다", "원동력은 아직 몰라"라는 소제목으로 기사가 요약되어 있습니다. 무엇에 관한 기사인지 추측이 되나요? 바로 '베게너의 대륙이동설'에 대한 기사입니다. 이 소식을 본 우리나라 사람들은 어떻게 생각했을까요? 대륙이 떠 있다는 말을 믿을 수 있었을까요?

베게너는 군인으로 세계 대전에 참전했다가 총상을 입어 병원에 입원했습니다. 그러다 사람들이 세계 지도를 보며 "마주 보는 대륙의 해안선이 닮았네"라고 하는 말을 듣게 됩니다. 베게너는 병상에 누워 곰곰 생각하면서 한 가지 가설을 떠올립니다. '퍼즐처럼 대륙의 해안선이 맞는 걸 보니 대륙이 원래 하나였던 게 아닐까?'라는 가설을요.

베게너는 이 가설을 증명하기 위해 여러 증거를 찾았습니다. 첫 번째 증거는 해안선의 닮은 모양이었고, 두 번째 증거는 해안선이 맞닿는 대륙의 생물 화석이 연속적으로 이어진다는 것이었습니다. 메소사우루스라는 도마뱀의 화석은 남아메리카와 아프리카 대륙이 맞닿는 곳에서 발견되었습니다. 또, 글로솝테리스라는 식물 화석도 마찬가지였지요. 움직이지 못하는 식물이 서로 다른 대륙에서 발견된다는 것은 대륙 자체가 이동했다는 주장을 자연스럽게 뒷받침했습니다.

세 번째 증거는 마주 보는 대륙의 땅속 암석 물질이 닮았다는 것이었습니다. 심지어 마주 보는 해안가의 암석이 대륙 안쪽의 암석보다 더 비슷했습니다. 마치 아주 오래

전에 해안선이 붙어 있던 것처럼요. 네 번째 증거는 빙하의 흔적이 적도 근처의 땅에서 발견된다는 것입니다. 적도 근처는 태양 에너지를 많이 받아 온도가 훨씬 높은데, 빙하의 흔적이 발견된다는 것이 의아하지요? 아무리 지구에 빙하기가 왔다고 해도요. 그래서 적도 근처의 땅이 추운 곳에서 이동해 왔을 거라고 추측하는 겁니다. 네 가지 증거를 보니 베게너의 '대륙이동설'이 조금 그럴 듯해집니다.

하지만, 당시 과학자들은 베게너의 주장이 말도 안 된다고 생각했어요. 땅이 움직인다는 사실을 믿기 어려웠거든요. 특히 "땅이 어떻게 움직여?"라는 질문에 베게너는 제대로 대답하지 못했습니다. 때문에 대륙이동설을 발표하고 나서 오랫동안 비판을 받았지요. 이후 영국의 방사능 과학자 아서 홈즈는 지구 깊은 곳에서 에너지를 만드는 방사능 원소를 발견합니다. 그리고 대륙 아래 맨틀을 움직일 만한 에너지가 있다고 생각하면서 베게너의 이론을 뒷받침했습니다. 홈즈의 생각은 캐나다의 지질학자 윌슨에 의해 '판구조론'으로 정리됩니다.

윌슨은 바다 아래 땅속 줄무늬의 방향이 갑자기 달라지는 곳들을 눈여겨봤습니다. 지도 위에 그 땅의 모양을 표시하니, 지진이 많이 일어나는 지역과 일치했지요. 줄무늬의 방향이 같은 곳에서는 지진이 일어나지 않고, 달라지는 곳에서만 지진이 일어났거든요. 즉, 베게너의 대륙이동설에서 더 나아가 지구에는 여러 개의 판이 있고 그 판의 경계에서 지진이나 화산 활동이 일어난다고 본 겁니다.

그 후 과학 기술이 발전하며 지구 내부의 모습을 들여다볼 수 있게 되었습니다. 직접 땅을 파서 본 것은 아니고, 파동이나 촬영 기술을 이용해 그 구조를 측정했지요. 그 결과, 지구 안쪽 깊은 곳에는 아주 뜨거운 액체로 된 부분이 있고, 그 온도 차이 때문에 맨틀이 움직인다는 것을 알게 되었습니다. 해안선이 닮았다는 사소한 말에서 시작되었지만, 그 사소함을 놓치지 않고 꾸준히 연구한 여러 과학자들 덕분에 현재의 '판구조론'이 나온 것입니다.

배경지식을 쌓는 과학 이야기 01

## 힘은 무엇일까요?

1. ②

(2)는 일이나 활동에 도움이나 의지가 됨을 말합니다.

2. ④

(1) 솜 10kg이 무겁습니다. 무게를 재는 단위로 kg이 쓰이며, 10kg이 1kg보다 10배 더 무겁습니다. (2) 무게는 중력에 따라 변합니다. (3) 솜사탕이 사탕보다 부피가 커도 더 가볍습니다.

배경지식을 쌓는 과학 이야기 02

## 작은 힘으로 물체를 들어 올리려면 어떻게 할까요?

1. ③, ④

더 무거운 민재는 시소의 중심에 가깝게, 가벼운 두두는 시소의 중심에서 멀리 떨어져야 합니다.

2. ③

현실적으로 우주에서 발을 디딜 공간과 지구를 들 만큼의 지레를 주는 건 불가능하기 때문에, 아르키메데스의 말은 비유적인 표현입니다. 지레가 있으면 마치 지구만큼 아주 무거운 물체를 들어 올릴 수 있다는 뜻이지요.

배경지식을 쌓는 과학 이야기 03

## 자석은 어떤 특징이 있나요?

1. ①

일반적으로 클립은 막대자석에 붙는 금속으로 되어 있습니다. 막대자석에 클립을 붙여 보면 전체에 붙는 것이 아니라 양 끝 위주로 클립이 달라붙습니다. 막대자석의 극은 다른 부분보다 끌어당기는 힘이 세기 때문입니다.

2. ④

모든 금속이 자석에 붙는 것은 아닙니다. 자기장 안에서는 직접 닿지 않아도 자석의 힘이 발휘됩니다. 또한 자석을 반으로 잘라도 두 개의 극을 가진 작은 자석이 계속 생깁니다.

배경지식을 쌓는 과학 이야기 04

## 지구가 거대한 자석이라고요?

1. ②

항상 같은 방향을 가리키기 때문에 남쪽을 기준으로 다른 방향도 찾을 수 있었습니다.

2. ①

옛날에는 지구 땅속 깊은 곳에 거대한 자석이 있을 것이라 상상했지만, 최근에는 지구 안쪽이 단단한 자석이 아닌 뜨거운 액체로 이루어져 있다는 것이 밝혀졌습니다.

3. ㄱ-북쪽(북극), ㄴ-남쪽(남극)

## 소리는 어떻게 내 귀에 전달될까요?

1. 진동.

   트라이앵글을 손으로 잡고 연주하면 소리가 제대로 나지 않는 것처럼 물체를 진동하지 못하게 하면 소리가 울리지 않습니다.

2. ①

   실 전화기 놀이에서 실을 팽팽하게 당길 때 소리가 크게 전달됩니다. 또한 물 밖의 소리가 웅성거림처럼 들리는 이유는 물속에서는 낮은 소리가 더 잘 전달되기 때문입니다. 단단한 고체는 분자가 촘촘해서 소리의 진동을 더 빨리 전달합니다.

3. ㉡, ㉢, ㉣, ㉠

## 노이즈 캔슬링의 기능과 원리는 무엇일까요?

1. 큰 진동, 작은 진동.

   소리는 진동으로 발생하기 때문에 세게 힘을 주어 큰 진동을 만들거나, 약하게 주어 작은 진동을 만들어요.

2. ③

   칼림바는 서로 다른 악기의 금속판을 엮어 손가락으로 튕기며 소리 내는 악기로 긴 음판을 연주할 때 낮은 음이 납니다. 칼림바를 모르더라도 (1), (2), (4) 모두 소리가 진동하는 부분이 짧은 것으로 미루어 보아 추론할 수 있습니다.

3.

## 세상은 무엇으로 이루어져 있을까요?

1. ①

   쓰임새가 같은 물건이라도 용도와 기능에 따라 가장 알맞은 물질을 선택해 만듭니다. 컵은 유리, 금속, 플라스틱 등 다양한 재료로 만들 수 있습니다.

2. 유리, 다이아몬드, 금, 철

   물질은 물체를 만드는 재료입니다. 다이아몬드 반지에서 다이아몬드는 물질이 됩니다. 유리컵에서 유리도 컵을 만든 물질이 됩니다.

3. ④

   신발은 주로 천과 고무로 만듭니다. 책가방은 떨어져도 깨지지 않는 천이나 헝겊으로 만듭니다. 자전거 바퀴는 바닥의 충격을 흡수하기 위해 고무를 사용합니다.

## 슬라임의 정체를 밝혀라! 물질의 상태

1. ①, ②, ③

   반죽은 모양을 내 마음대로 고정할 수 있다는 점에서 고체라고 할 수 있습니다. 기체는 눈에 보이지 않지만, 부푼 봉지를 보며 공기가 봉지 안에 공간을 차지하고 있다는 것을 알 수 있기 때문에 물질입니다.

2. ④

   물, 피, 주스는 모두 액체고, 가루설탕은 작은 설탕 알갱이들이 하나씩 떨어져서 이동하기 때문에 고체입니다.

3. 책상, 연필, 실내화, 공책 등 대부분의 물체가 고

체입니다. 말랑말랑한 지우개도 모양이 유지되기 때문에 고체랍니다.

배경지식을 쌓는 과학 이야기 09
## 물의 3단 변신을 알아보아요

1. 증발.

   증발은 물을 끓일 때에도 일어나지만, 끓지 않은 상태에서 서서히 수증기로 변하며 일어나기도 합니다.
2. ④ 얼음 - 물 - 수증기

   물은 3단 변신을 합니다. 온도가 낮아지면 고체인 얼음이 되었다가 평상시에는 액체인 물로 있고, 공기 중으로 증발되어 수증기가 되기도 해요.
3. ③ 아영, ④ 현민

   사용하는 물의 온도와 관계없이 수도관에 물이 고인 채로 얼면 동파되기 쉽습니다. 따뜻한 물도 차가운 온도에 두면 얼어 버릴 수 있기 때문입니다. 겨울에 물을 많이 사용하는지 여부는 알 수 없습니다.

배경지식을 쌓는 과학 이야기 10
## 비를 만들 수 있을까요?

1. ㉠ 증발 ㉡ 응결

   액체인 물이 기체인 수증기로 변화하는 것을 증발, 기체인 수증기가 액체인 물로 변화하는 현상을 응결이라고 합니다.
2. ①, ②, ③

   (4)는 증발 현상입니다.
3. 순서대로 ㉰ → ㉴ → ㉯

배경지식을 쌓는 과학 이야기 11
## 온도와 압력에 따라 기체의 부피가 달라져요

1. ②

   기체는 온도가 올라가면 부피가 커집니다.
2. ③

   (1), (2), (4)는 기체에 열을 가해 부피가 커진 사례입니다.

배경지식을 쌓는 과학 이야기 12
## 산소와 이산화탄소가 자유의 여신상을 변신시켰어요

1. ① 산 ② 산 ③ 이 ④ 이 ⑤ 산
2. ③ 정민 ④ 아라

   드라이아이스에 물을 뿌리면 나오는 흰 연기는 드라이아이스가 고체에서 기체로 빠르게 변하면서 주변의 수증기를 응결시켜 보이는 현상입니다. 이산화탄소는 눈에 보이지 않아요.

배경지식을 쌓는 과학 이야기 13
## 씨앗에서 다시 씨앗이 되기까지

1. ③ 주희

   글에는 남세균이 등장하기 이전 지구에 대한 설명이 없지만, 남세균이 산소를 많이 만들어 내고 변화된 환경에 따라 새로운 생명체들이 등장했다고 하는 것으로 보아 이전에는 산소가 적었던 것으로 짐작할 수 있습니다.

2. 순서대로 ㉤, ㉡, ㉣, ㉢
강낭콩의 한살이를 설명하는 문단을 다시 읽어 보면 순서를 찾을 수 있습니다.
3. ②
옥수수, 상추, 벼는 매년 다시 심는 한해살이 식물이지만, 감나무는 여러 해 동안 반복해서 꽃을 피우고 열매를 맺는 여러해살이 식물입니다.

배경지식을 쌓는 과학 이야기 14
## 다양한 환경에 적응한 식물들

1. ①
미역과 김은 식물보다 단순한 형태의 조류입니다. 뿌리, 줄기, 잎으로 역할을 구분할 수 없습니다.
2. ①
식물 중 물속에서 살기 위해 다시 물속 생활에 적응한 식물도 있습니다. 검정말이나 나사말은 물속 땅에 뿌리를 내리고 물에 잠겨서 살아가지요.

배경지식을 쌓는 과학 이야기 15
## 버섯은 식물이 아니라고요?

1. ①
세균은 미생물인 원생생물과 세포 모양이 다른 원핵생물입니다.
2. 동물-개, 물고기/식물-민들레, 강낭콩/원생생물-아메바, 짚신벌레/세균-대장균, 유산균/균류-버섯, 곰팡이
3. ④
균류와 세균은 다릅니다. 유산균도 세균입니다. 세균은 어디에나 있습니다. 더러운 장소에는 더러운 곳을 좋아하는 세균이 모입니다.

배경지식을 쌓는 과학 이야기 16
## 다양한 동물의 한살이 모습을 살펴봅시다

1. ㉣ ㉡ ㉢ ㉤
글을 다시 읽어 보며 배추흰나비가 성충이 되기까지의 과정을 순서대로 정리해 보세요.
2. ①, ③
알을 낳는 장소나 모습, 알의 개수는 동물마다 모두 다릅니다. 상어와 돌고래는 비슷하지만, 상어는 알을 낳고 돌고래는 새끼를 낳는다는 점이 큰 차이점입니다.

배경지식을 쌓는 과학 이야기 17
## 다윈의 이야기, 생물이 환경에 적응했어요

1. ③
추위에 견디기 위하여 북극여우 귀가 작아진 것이 아닙니다. 자연선택설은 귀가 작은 북극여우가 우연히 태어났고 추위를 견디기에 알맞은 특성이라 오래 살아남았다고 봅니다.
2. 적응.
3. 준호.
과학적 사실은 새로운 근거가 쌓이면 이전까지 믿었던 지식이 변하기도 합니다.

돌과 모래가 하류로 운반되고 남은 무거운 바위나 큰 돌이 남아 있습니다.

## 배경지식을 쌓는 과학 이야기 18

### 생태계 안에서 우리는 서로 연결되어 있어요

1  햇빛, 흙, 온도, 공기는 비생물 요소입니다.

2. ③

메뚜기는 풀잎을 먹고, 개구리는 메뚜기를 먹어요. 매는 개구리와 같은 다른 동물을 먹습니다.

3. ④

생산자-벼, 검정말/소비자-메뚜기, 토끼, 참새, 호랑이, 돌고래

분해자-버섯, 세균류

## 배경지식을 쌓는 과학 이야기 19

### 왜 이런 모습의 땅이 생겼을까요?

1. ④

지구 내부는 뜨거운 액체 상태로 지구 겉면 판이 움직이며 땅의 모습이 변합니다. 우리가 살고 있는 대륙도 판이 움직여 지금과 같은 모습으로 만들어졌습니다. 높은 산은 땅속 깊은 곳의 큰 힘이 서로 밀었을 때 구부러지며 생겼을 것이라고 봅니다.

2. 베게너.

베게너는 우리가 사는 대륙이 과거에는 모두 하나였고, 땅이 움직이면서 여러 조각으로 나뉘었다는 '대륙이동설'을 주장했습니다. 여기서 발전해 지구 겉면이 거대한 판들로 되었다는 '판구조론'이 나왔습니다.

3. ②

강의 상류에서는 주로 침식 작용이 일어나 가벼운

## 배경지식을 쌓는 과학 이야기 20

### 해변의 파도는 땅의 모습을 어떻게 바꿀까요?

1. 수민: 물이 빠져서 바닷속에 (침식되어 있던 → 퇴적되어 있던) 모랫길이 드러났나 봐.

2. ㉠ 파도 ㉡ 침식 ㉢ 퇴적

3. ③

물살이 느린 바닷가에서 모래나 자갈이 쌓입니다.

## 배경지식을 쌓는 과학 이야기 21

### 백두산, 한라산, 울릉도, 독도의 공통점은 무엇일까요?

1. ①

화산에서 나오는 물질은 고체인 화산재와 화산 암석 조각, 액체인 마그마, 기체인 화산 가스가 있습니다. 백두산과 한라산은 섬이 아닙니다. 현대에도 화산이 폭발해 공항이 폐쇄되었다는 뉴스가 종종 나옵니다.

2. 칼데라호.

한라산의 백록담은 화구호로 화산이 분출한 입구에 물이 차서 만들어진 호수입니다. 반면 백두산의 천지는 화산 입구가 아닌 더 아래 땅속 마그마가 있던 공간이 무너지면서 생긴 칼데라 호수입니다.

3. ④

제주도에서 흔히 볼 수 있는 검정색의 암석은 현

무암입니다.

## 하늘의 달을 관찰하며 탐구해요

1. ③
   갈릴레오 갈릴레이는 달의 어두운 부분에 물이 있을 거라고 생각했지만, 현재까지 달에서 물이 발견되지 않았습니다.

2. 대기와 물.

3. ③ 은혜
   보름달은 초저녁에 동쪽에서 보였다가 남쪽으로 이동하고, 다시 서쪽으로 이동합니다.

## 태양계의 행성을 살펴봅시다

1.

2. ③
   수성, 금성, 지구, 화성은 단단한 고체로 되어 있는 반면, 목성, 토성, 천왕성, 해왕성은 커다란 기체 덩어리랍니다.

3. ④
   과거에는 명왕성도 태양계의 행성으로 분류했지만, 현재는 해왕성까지만 태양계의 행성으로 보아 총 8개의 행성이 있습니다.

## 별자리를 보며 지구의 자전과 공전을 생각해요

1. ①
   금성은 샛별, 개밥바라기별로 불렸으며, 북극성은 길잡이별이라는 별명이 있습니다. 떠돌이별은 움직임이 많은 행성의 별명입니다.

2. ②
   북극성은 가장 위치가 변하지 않아 북쪽을 알려주는 길잡이별입니다. 하루 동안에도 북극성을 중심으로 카시오페이아자리와 큰곰자리가 시계 반대 방향으로 조금씩 움직입니다. 북극성은 카시오페이아자리와 큰곰자리의 가운데에 있습니다.

3. ②
   오리온자리는 겨울철에 볼 수 있는 별자리입니다.